上海市工程建设规范

平板膜生物反应器法污水处理工程技术标准

Technical standard for wastewater treatment by flat-sheet membrane bioreactor process

DG/TJ 08—2190—2023
J 13317—2023

主编单位：上海城投污水处理有限公司
批准部门：上海市住房和城乡建设管理委员会
施行日期：2023 年 12 月 1 日

同济大学出版社

2023　上海

图书在版编目(CIP)数据

平板膜生物反应器法污水处理工程技术标准/上海城投污水处理有限公司主编. —上海:同济大学出版社,2023.12

ISBN 978-7-5765-0016-5

Ⅰ.①平… Ⅱ.①上… Ⅲ.①生物膜反应器-应用-污水处理工程-技术标准-上海 Ⅳ.①X703-65

中国国家版本馆 CIP 数据核字(2023)第 241562 号

平板膜生物反应器法污水处理工程技术标准
上海城投污水处理有限公司 主编

责任编辑	朱 勇
责任校对	徐春莲
封面设计	陈益平
出版发行	同济大学出版社 www.tongjipress.com.cn
	(地址:上海市四平路1239号 邮编:200092 电话:021-65985622)
经 销	全国各地新华书店
印 刷	浦江求真印务有限公司
开 本	889mm×1194mm 1/32
印 张	2.5
字 数	63 000
版 次	2023 年 12 月第 1 版
印 次	2023 年 12 月第 1 次印刷
书 号	ISBN 978-7-5765-0016-5
定 价	25.00 元

本书若有印装质量问题,请向本社发行部调换　　版权所有　侵权必究

上海市住房和城乡建设管理委员会文件

沪建标定〔2023〕315 号

上海市住房和城乡建设管理委员会 关于批准《平板膜生物反应器法污水处理工程 技术标准》为上海市工程建设规范的通知

各有关单位：

由上海城投污水处理有限公司主编的《平板膜生物反应器法污水处理工程技术标准》，经我委审核，现批准为上海市工程建设规范，统一编号为 DG/TJ 08—2190—2023，自 2023 年 12 月 1 日起实施。原《平板膜生物反应器法污水处理工程技术规范》(DG/TJ 08—2190—2015)同时废止。

本标准由上海市住房和城乡建设管理委员会负责管理，上海城投污水处理有限公司负责解释。

上海市住房和城乡建设管理委员会
2023 年 6 月 20 日

前 言

根据上海市住房和城乡建设管理委员会《关于印发〈2021年度上海市工程建设规范、建筑标准设计编制计划〉的通知》(沪建标定〔2020〕771号)的要求,由上海城投污水处理有限公司会同有关单位对《平板膜生物反应器法污水处理工程技术规范》DG/TJ 08—2190—2015进行修订。标准编制组总结了近五年来平板膜生物反应器法处理污水的工程经验,在对主要设计方法及参数进行工程实践验证,并广泛征求意见的基础上,对标准进行了修订。

本标准的主要内容有:总则;术语;工艺设计;安装、调试与验收;运行与维护。

本次修订的主要内容是:完善平板膜生物反应器的日常维护及清洗内容,包括在线清洗及离线清洗;新增对平板膜生物反应器的远程物联网监控的设计、实施、验收、应用的内容;新增了MBR监控指标等。

各单位及相关人员在执行本标准过程中,如有意见和建议,请反馈至上海市水务局(地址:上海市江苏路389号;邮编:200042;E-mail:kjfzc@swj.shanghai.gov.cn),上海城投污水处理有限公司(地址:上海市龙东大道1851号;邮编:201203;E-mail:ctws@shwwt.com),上海市建筑建材业市场管理总站(地址:上海市小木桥路683号;邮编:200032;E-mail:shgcbz@163.com),以供今后修订时参考。

主 编 单 位: 上海城投污水处理有限公司
参 编 单 位: 同济大学
　　　　　　　上海市政工程设计研究总院(集团)有限公司
　　　　　　　上海子征环保科技有限公司

主要起草人：陈　广　王志伟　藏莉莉　胡维杰　裘　湛
　　　　　　　王丽花　魏海娟　刘　佳　官章琴　曹　晶
　　　　　　　张　杰　林冰洁　王巧英　尤章超　李春鞠
　　　　　　　王美玲　黄　蓉　赵海军　杨冯睿　王　赟
　　　　　　　吴志超

主要审查人：徐亚同　傅　威　谭学军　时珍宝　许龙海
　　　　　　　朱学峰　黄满红

上海市建筑建材业市场管理总站

目 次

1 总　则 ·· 1
2 术　语 ·· 2
3 工艺设计 ·· 4
　3.1　一般规定 ·· 4
　3.2　预处理工艺 ·· 5
　3.3　生化处理工艺 ·· 6
　3.4　平板膜分离系统 ·· 17
　3.5　后处理工艺及其他 ·· 20
　3.6　自动控制及数据监控 ·· 21
4 安装、调试与验收 ·· 22
　4.1　一般规定 ·· 22
　4.2　安　装 ·· 22
　4.3　调　试 ·· 24
　4.4　验　收 ·· 24
5 运行与维护 ·· 26
　5.1　日常操作管理 ·· 26
　5.2　膜清洗 ·· 26
　5.3　MBR 设备停运后恢复 ·· 28
　5.4　膜组件更换 ·· 28
本标准用词说明 ··· 29
引用标准名录 ··· 30
标准上一版编制单位及人员信息 ··· 31
条文说明 ·· 33

Contents

1 General provisions ··· 1
2 Terms ··· 2
3 Process design ··· 4
   3.1 General requirements ································ 4
   3.2 Pre-treatment processes ····························· 5
   3.3 Biochemical treatment processes ···················· 6
   3.4 Flat-sheet membrane separation system ············ 17
   3.5 Post treatment process and others ················· 20
   3.6 Automatic control and data monitoring ············ 21
4 Installation, debugging, check and accept ················ 22
   4.1 General requirements ································ 22
   4.2 Installation ··· 22
   4.3 Debugging ·· 24
   4.4 Check and accept ···································· 24
5 Operation and maintenance ································· 26
   5.1 Daily operation management ························ 26
   5.2 Membrane cleaning ·································· 26
   5.3 Restoration after MBR outage ······················ 28
   5.4 Membrane modules replacement ···················· 28
Explanation of wording in this standard ···················· 29
List of quoted standards ····································· 30
Standard-setting units and personnel of the previous
   version ·· 31
Explanation of provisions ···································· 33

1 总 则

1.0.1 为规范平板膜生物反应器法污水处理工程的工艺设计、施工、验收及运行管理,指导平板膜生物反应器工艺系统的稳定运行,制定本标准。

1.0.2 本标准适用于以平板微滤、超滤膜生物反应器构成的城镇污水处理新建、改建、扩建工程的设计、安装验收与调试、运行与维护。

1.0.3 平板膜生物反应器法污水处理工程技术,除应按本标准执行外,尚应符合国家、行业和本市现行有关标准的规定。

2 术 语

2.0.1 膜生物反应器法 membrane bioreactor process（MBR process）

把生物反应与微滤或超滤膜分离相结合,利用膜作为分离介质替代常规重力沉淀固液分离获得出水的污水处理方法。

2.0.2 膜过滤 membrane filtration

在污水处理中,以膜为介质进行过滤,达到固液分离目的的技术。

2.0.3 跨膜压差 trans-membrane pressure（TMP）

膜外侧(混合液侧)与膜内侧(透过液侧)之间的压力差值,单位为 kPa。

2.0.4 分体浸没式膜生物反应系统 split submerged membrane bioreactor

膜区与生物反应区分开设置于两个构筑物内的浸没式膜生物反应系统。

2.0.5 一体浸没式膜生物反应系统 integral submerged membrane bioreactor

膜区与生物反应区合并设置于同一个构筑物内的浸没式膜生物反应系统。

2.0.6 曝气强度 aeration intensity

本标准特指膜区曝气强度,即单位膜组件投影面积上的曝气量,单位为 $m^3/(m^2 \cdot min)$。

2.0.7 临界通量 critical flux

在一定的操作条件下,当膜的过滤通量低于某一通量值时,膜的表面形成滤饼的速度可忽略不计,膜过滤阻力不随时间或跨膜压差的改变而改变；当膜的过滤通量大于该通量值时，膜表面将快速形成滤饼，膜的过滤阻力随时间的延长（或跨膜压差的增加）而显著增加，该通量称为临界通量，单位为 $L/(m^2 \cdot h)$。

2.0.8 膜清洗　membrane cleaning

通过物理、化学或物理化学相结合等方法恢复膜通量的措施。

2.0.9 在线化学清洗　in-situ chemical cleaning

膜组件在反应器中进行的一种膜清洗方式。一般是指化学清洗，即将药液通过自流或泵送的方式注入膜腔内（也称在线原位清洗），通过化学作用恢复膜通量的措施。

2.0.10 离线物理清洗　ex-situ physical cleaning

将膜组件取出反应器，通过物理方法（如擦洗、水冲等）恢复膜通量的措施。

2.0.11 离线化学清洗　ex-situ chemical cleaning

将膜组件取出反应器，浸泡在装有化学药剂的专用清洗池内（离线异位化学清洗），或者把膜池内污泥混合液排走，直接将化学药剂注入膜池（也称为离线原位化学清洗），对整个膜池内膜组件同时进行浸泡，去除膜孔内和膜表面污染物质的清洗方法。

2.0.12 抽停时间　suction/non-suction time

膜出水泵运行（出水）的时间及停止运行的时间。

2.0.13 集中式处理　centralized treatment

指设计处理规模不小于 500 t/d 的成套设施或污水厂。

2.0.14 分散式处理　decentralized treatment

指设计处理规模小于 500 t/d 的设备。

2.0.15 滤袋浓缩脱水装置　filter bag dewatering device

使用纤维滤布进行重力式固液分离的袋状无动力污泥浓缩脱水装置。

3 工艺设计

3.1 一般规定

3.1.1 本标准所指的平板膜分离技术是指适用于浸没式污水膜生物反应器法(MBR法)处理的微滤、超滤平板膜分离技术。

3.1.2 污水处理的程度和工艺应根据现行国家和地方的有关排放标准、污染物来源及特性、排入地表水的环境功能和保护目标、工程建设条件等确定。MBR工艺设计适用于以下情况：

  1 受纳水体环境容量较低，出水水质要求达到现行国家标准《城镇污水处理厂污染物排放标准》GB 18918中一级A标准；在水资源受限地区，尾水经适当深度处理后出水水质要求达到再生回用水标准。

  2 污水处理设施占地面积和设备安装空间受到限制。

  3 对已有处理设施的扩建或提标。

  4 应急处理场合或经综合评估后允许适用的其他处理场合。

3.1.3 在选择污水处理工艺时，应对处理对象的水量波动、水质波动、出水水质要求、最不利情况下的水温等影响因素有充分的了解，并在满足处理要求和建设条件的前提下，通过工艺技术、经济性比较后确定。

3.1.4 针对水量波动情况，设计应从进水量调节、膜设计平均通量、膜运行峰值通量、系统运行模式等方面采取应对措施，减少水量冲击造成的不利影响。

3.1.5 MBR工艺的进水动植物油宜小于50 mg/L，且矿物油宜小于3 mg/L，pH值宜为6～9。

3.1.6 MBR 工艺的工作水温宜为 10℃～37℃，当水温低于 10℃或高于 37℃时，应采取应对措施。

3.1.7 对于改建、扩建工程，膜组件布置应核算池容、池体构型及池内水力循环条件、峰值处理能力等因素。

3.2 预处理工艺

3.2.1 预处理段应去除进水中硬质、尖锐的颗粒类物质、易缠绕的纤维类物质以及过高的悬浮物浓度、油脂等。

3.2.2 预处理设施宜包括粗格栅、细格栅、沉砂池、超细格栅、初沉池以及其他必要的物理或化学处理单元。

3.2.3 当有调节池时，预处理设施的设计流量应按平均日流量确定；当无调节池时，应按现行国家标准《室外排水设计标准》GB 50014 的有关规定确定。

3.2.4 各预处理构筑物（设备）数量不宜少于 2 个。

Ⅰ 沉砂池

3.2.5 采用 MBR 工艺的集中式污水处理厂应在粗、细格栅后设置沉砂池，池型宜采用曝气沉砂池。

3.2.6 沉砂池设计应符合现行国家标准《室外排水设计标准》GB 50014 的有关规定。

Ⅱ 超细格栅

3.2.7 在沉砂池后，MBR 工艺的污水预处理系统应设置超细格栅，可采用 50%～100%备用率。

3.2.8 超细格栅应可去除 0.2 mm～1 mm 及以上颗粒物及纤维类物质，小型超细格栅的栅距可适当放大；当为分散式污水处理，且进水沿程有沉淀过程时，格栅栅距可大于 2 mm，宜小于 5 mm。

3.2.9 超细格栅型式宜采用内进流式、转鼓式、阶梯式或摆动式格栅,且宜自带清洗装置,清洗方式可采用物理、化学或物理化学相结合清洗。

3.2.10 超细格栅的过滤孔型式宜采用圆形或网格形。

Ⅲ 初沉池

3.2.11 当进水中悬浮物浓度大于 500 mg/L 时,宜设初沉池,同时可设置超越管。

3.2.12 初沉池应符合现行国家标准《室外排水设计标准》GB 50014 的有关规定。

3.3 生化处理工艺

3.3.1 平板膜生物反应器法应根据不同的处理目标,采用不同工艺配置,一般分为以下三种情况:

  1 当以去除有机污染物为主要目标时,可采用单一的好氧膜生物反应器(O-MBR)工艺。

  2 当以去除有机污染物及脱氮为主要目标时,可采用缺氧/好氧膜生物反应器(A/O-MBR)组合工艺。

  3 当以去除有机污染物及脱氮除磷为主要目标时,可采用配有化学除磷的厌氧/缺氧/好氧膜生物反应器(A/A/O-MBR)或配有化学除磷的缺氧/好氧膜生物反应器(A/O-MBR)组合工艺或各种改进生物工艺。

3.3.2 当分散式平板膜生物反应器污水处理系统针对脱氮需求时,宜采用间歇式曝气的 MBR 工艺,通过曝气时间和停曝时间的调控,实现达标排放。

3.3.3 平板膜生物反应器法处理城镇污水的主要参数可按表 3.3.3 取值。

表 3.3.3 平板膜生物反应器法的主要参数取值

项目	单位	参数取值范围	推荐值
COD 容积负荷 L_{VCOD}	kgCOD/(m³·d)	1.0~3.0	1.5
BOD$_5$ 污泥负荷 L_{SBOD}	kgBOD$_5$/(kgMLSS·d)	0.05~0.15	0.10
凯氏氮容积负荷 L_{VN}	kgTKN/(m³·d)	0.11~0.23	0.20
总氮污泥负荷 L_{STN}	kgTN/(kgMLSS·d)	≤0.05	—
MBR 膜池污泥浓度 X	gMLSS/L	8~18	12

3.3.4 生物反应区(池)中的厌氧区(池)、缺氧区(池)应采用机械搅拌,混合输出功率宜为 5 W/m³~8 W/m³。机械搅拌器布置的间距、位置应根据池型、池容和搅拌器性能等要求确定。

3.3.5 当计算好氧区(池)与膜区(池)体积相差较大时,宜采用分体浸没式膜生物反应系统;反之,宜采用一体浸没式膜生物反应系统。

3.3.6 好氧区(池)及膜区(池)宜采用鼓风曝气。好氧区(池)宜选择微孔曝气,曝气量应根据污染物降解需氧量及污泥混合所需最低气量,二者比较后取大值;膜区(池)宜采用穿孔曝气,当采用微孔曝气时,膜面积的选择应根据实际情况设定安全系数 1.1~1.5。

3.3.7 当 MBR 膜池设计污泥浓度低于 8 gMLSS/L 时,可根据实际情况,增加厌、缺氧区(池)0.5 h~1.5 h 的水力停留时间。

3.3.8 除分散式污水处理以外,MBR 工艺应至少设置 2 组及以上可独立运行的膜区(池),并应考虑单组膜清洗时的运行方式。当设置 2 组及以上的膜区(池)时,宜采用公共的回流渠道进行混合液回流。

3.3.9 膜区(池)的有效水深应结合工艺流程、水力高程设计、供氧设施类型和选用风机性能参数等综合因素确定,一般可采用 2.0 m~6.0 m。当水深为 2.0 m~3.2 m 时,膜组件宜采用单层(一层)型式布置;当水深为 3.2 m~4.4 m 时,膜组件宜采用双层

(两层)型式布置;当水深大于4.4 m时,膜组件宜采用三层型式布置。

3.3.10 生物反应区(池)超高宜为0.5 m~1.0 m。

Ⅰ 去除有机污染物

3.3.11 当以去除有机污染物为主要目标时,好氧生物反应池的容积可按下式计算,并宜同时满足以下条件:

1 按容积负荷计算

$$V_o = \frac{Q(COD_o - COD_e)}{1\ 000 L_{VCOD}} \quad (3.3.11-1)$$

式中:V_o——好氧区(池)容积(m^3);
$\quad Q$——生物反应池的设计进水量(m^3/d);
$\quad COD_o$——生物反应池进水化学需氧量(mg/L);
$\quad COD_e$——生物反应池出水化学需氧量(mg/L);
$\quad L_{VCOD}$——生物反应池化学需氧量容积负荷[$kgCOD/(m^3 \cdot d)$],一般取1.0~3.0。

2 按膜组件布置所需最小有效容积计算

$$V_{om} = (l + 0.6) \times [n_1(b + 0.4) + 0.4] \times (h_1 + n_2 h_2 + 0.2)$$
$$(3.3.11-2)$$

式中:V_{om}——膜组件布置所需容积(m^3),应与产品说明文件校核;
$\quad n_1$——单层膜组件数量(套);
$\quad l$——单个膜组件长度(m);
$\quad b$——单个膜组件宽度(m);
$\quad h_1$——单个膜组件底座高度(m);
$\quad n_2$——膜组件层数(层);
$\quad h_2$——单个膜组件高度(m)。

3.3.12 剩余污泥量可按下式计算:

$$\Delta X = \frac{Q}{1\ 000}\left[f_{\text{NVSS}}(SS_o - SS_e) + \frac{Y_{\text{COD}}(COD_o - COD_e)}{1 + K_{\text{dT}}\theta_c}\right]$$

(3.3.12)

式中：ΔX——剩余污泥量（kgMLSS/d）；

　　　f_{NVSS}——生物反应池进水 SS 中的 NVSS 所占比例，一般取 0.17～0.28；

　　　SS_o——生物反应池的进水悬浮物浓度（mg/L）；

　　　SS_e——生物反应池的出水悬浮物浓度（mg/L）；

　　　Y_{COD}——污泥产率系数（kgMLVSS/kgCOD）；宜根据试验资料确定，无试验资料时，一般取 0.2～0.4；

　　　K_{dT}——T℃时的衰减系数（d^{-1}）；

　　　θ_c——生物反应池设计污泥泥龄（d），一般取 30～60，不宜大于 100。

3.3.13 衰减系数 K_d 值应根据不同季节污水温度进行修正，可按下式计算：

$$K_{\text{dT}} = K_{\text{d20}}\theta_T^{(T-20)}$$

(3.3.13)

式中：K_{dT}——温度 T℃时的衰减系数；

　　　K_{d20}——20℃时的衰减系数（d^{-1}），一般取 0.08～0.20；

　　　θ_T——温度系数，一般取 1.02～1.06；

　　　T——设计温度（℃）。

3.3.14 生物反应池内混合液固体平均浓度可按下式进行计算：

$$X_o = \frac{\Delta X}{V_o/\theta_{co}}$$

(3.3.14)

式中：X_o——好氧区（池）内混合液固体平均浓度（gMLSS/L），针对 O-MBR 工艺，好氧区（池）内混合液固体平均浓度即为生物反应池内混合液固体平均浓度；

　　　ΔX——剩余污泥量（kgMLSS/d），按本标准所列公式（3.3.12）计算；

θ_{co}——好氧区(池)设计污泥泥龄(d),一般取 15~30,不宜大于 50。

3.3.15 对于分体浸没式 O-MBR,由膜分离单元区(池)到好氧区(池)的混合液回流量可按下式计算:

$$Q_{R1} = QR_1 \qquad (3.3.15)$$

式中:Q_{R1}——由膜分离单元区(池)到好氧区(池)的污泥混合液回流量(m^3/d);

Q——生物反应池的设计进水量(m^3/d);

R_1——由膜分离单元区(池)到好氧区(池)的污泥混合液回流比(%),一般取 100~300。

3.3.16 好氧池(区)可按下列公式校核各项参数值:

1 COD容积负荷

$$L_{VCOD} = \frac{Q(COD_o - COD_e)}{1\,000 V_o} \qquad (3.3.16\text{-}1)$$

式中:L_{VCOD}——生物反应池化学需氧量容积负荷[$kgCOD/(m^3 \cdot d)$],一般取 1.0~3.0;

V_o——好氧区(池)容积(m^3)。

2 BOD_5 污泥负荷

$$L_{SBOD} = \frac{Q(S_o - S_e)}{1\,000 XV_o} \qquad (3.3.16\text{-}2)$$

式中:L_{SBOD}——生物反应池五日生化需氧量污泥负荷[$kgBOD/(kgMLSS \cdot d)$],一般取 0.05~0.15;

S_o——生物反应池的进水五日生化需氧量浓度(mg/L);

S_e——生物反应池的出水五日生化需氧量浓度(mg/L);

X——生物反应池内混合液固体平均浓度(gMLSS/L),针对 O-MBR 工艺,生物反应池内混合液固体平均浓度即为好氧区(池)内混合液固体平均浓度,根据本标准所列公式(3.3.14)计算。

Ⅱ 生物脱氮

3.3.17 当以去除有机污染物及脱氮为主要目标时,好氧区(池)的容积可按下列公式计算,并宜同时满足以下条件:

1 按化学需氧量容积负荷计算

$$V_o = \frac{Q(COD_o - COD_e - \Delta COD)}{1\,000 L_{VCOD}} \quad (3.3.17\text{-}1)$$

$$\Delta COD = \frac{2.86 \times (N_{ko} - N_{te})}{1 - 1.42 \times Y_{COD}/(1 + K_{dT}\theta_c)} \quad (3.3.17\text{-}2)$$

式中:V_o——好氧区(池)容积(m^3);

Q——生物反应池的设计进水量(m^3/d);

ΔCOD——缺氧区(池)去除的化学需氧量(mg/L);

N_{ko}——生物反应池的进水凯氏氮浓度(mg/L),无数据时可采用进水总氮浓度(mg/L);

N_{te}——生物反应池的出水总氮浓度(mg/L);

Y_{COD}——污泥产率系数(kgMLVSS/kgCOD),宜根据试验资料确定,无试验资料时,一般取 0.2~0.4;

K_{dT}——T℃时的衰减系数(d^{-1}),温度修正根据本标准所列公式(3.3.13)计算;

θ_c——生物反应池的设计污泥泥龄(d),一般取 30~60,不宜大于 100。

2 按凯氏氮容积负荷计算

$$V_o = \frac{Q(N_{ko} - N_{ke})}{1\,000 L_{VN}} \quad (3.3.17\text{-}3)$$

式中:V_o——好氧区(池)容积(m^3);

Q——生物反应池的设计进水量(m^3/d);

N_{ko}——生物反应池的进水凯氏氮浓度(mg/L),无数据时可采用进水总氮浓度(mg/L);

N_{ke}——生物反应池的出水凯氏氮浓度(mg/L);

L_{VN}——生物反应池的凯氏氮容积负荷[kgTKN/(m³·d)],一般取0.11~0.20。

　　3 按膜组件布置所需容积计算,根据本标准所列公式(3.3.11-2)计算。

3.3.18 当采用分体浸没式 A/O-MBR 系统时,膜分离单元区(池)混合液无需单独回流到好氧区(池)。

3.3.19 剩余污泥量可按本标准所列公式(3.3.12)计算,并按下列公式校核所取好氧池污泥龄是否满足硝化要求;若不满足,则根据下列公式计算好氧池污泥龄。

$$\theta_{co} = F \frac{1}{\mu} \quad (3.3.19\text{-}1)$$

$$\mu = \mu_{max} \frac{N_a}{K_n + N_a} 1.072^{(T-20)} \quad (3.3.19\text{-}2)$$

式中:μ——硝化菌比增长速率(d^{-1});

　　μ_{max}——20℃时硝化细菌最大比生长速率(d^{-1}),一般取0.5~1.0;

　　T——设计温度(℃);

　　N_a——反应池中的氨氮浓度(mg/L);

　　K_n——20℃时硝化作用中氮的半速率常数(mg/L),硝化细菌比生长速率等于硝化细菌最大比生长速率一半时的氨氮浓度,一般取1.0;

　　θ_{co}——好氧区(池)设计污泥泥龄(d),一般取15~30,不宜大于50;

　　F——安全系数,与水温、进出水水质、水量等因素有关,一般取1.5~3.0。

3.3.20 缺氧区(池)的容积可按下式计算:

　　按反硝化动力学计算:

$$V_n = \frac{Q(N_{ko} - N_{te}) - 0.12\Delta X_v}{1000 K_{de} X_a} \quad (3.3.20\text{-}1)$$

$$K_{de(T)} = K_{de(20)} 1.08^{(T-20)} \quad (3.3.20\text{-}2)$$

$$\Delta X_v = Y_{COD} \frac{Q(COD_o - COD_e)}{1000(1 + K_{dT}\theta_c)} \quad (3.3.20\text{-}3)$$

$$X_a = X_o \frac{R}{R+1} \quad (3.3.20\text{-}4)$$

式中：V_n——缺氧区（池）容积（m^3）。

Q——生物反应池的设计进水量（m^3/d）。

N_{ko}——生物反应池进水总凯氏氮浓度（mg/L）。

N_{te}——生物反应池出水总氮浓度（mg/L）。

ΔX_v——排出生物反应池系统的微生物量（kgMLVSS/d）。

K_{de}——脱氮速率[（$kgNO_3$-N）/（kgMLSS·d）]，宜根据试验资料确定。无试验资料时，20℃的 K_{de} 可采用 0.03~0.06，并进行温度修正；$K_{de(T)}$、$K_{de(20)}$ 分别为 T℃和20℃时的脱氮速率。

X_a——缺氧区（池）内混合液悬浮固体平均浓度（gMLSS/L）。

T——设计温度（℃）。

Y_{COD}——污泥产率系数（kgMLVSS/kgCOD）；宜根据试验资料确定，无试验资料时，一般取 0.2~0.4。

COD_o——生物反应池进水化学需氧量（mg/L）。

COD_e——生物反应池出水化学需氧量（mg/L）。

R——混合液回流比（%）。

3.3.21 生物反应池可按下列公式校核各项参数值：

1 COD容积负荷

$$L_{VCOD} = \frac{Q(COD_o - COD_e)}{1000(V_o + V_n)} \quad (3.3.21\text{-}1)$$

式中：L_{VCOD}——生物反应池化学需氧量容积负荷[kgCOD/(m³·d)]，一般取1.0~3.0；

V_o——好氧区(池)容积(m³)；

V_n——缺氧区(池)容积(m³)。

2 BOD₅污泥负荷

$$L_{SBOD} = \frac{Q(S_o - S_e)}{1\,000(X_o V_o + X_a V_n)} \quad (3.3.21-2)$$

式中：L_{SBOD}——生物反应池五日生化需氧量污泥负荷[kgBOD/(kgMLSS·d)]，一般取0.05~0.15。

3 氨氮容积负荷

$$L_{VN} = \frac{Q(N_{ko} - N_{ke})}{1\,000 V_o} \quad (3.3.21-3)$$

式中：L_{VN}——生物反应池的氨氮容积负荷[kgNH₃-N/(m³·d)]，一般取0.11~0.20。

4 总氮污泥负荷

$$L_{STN} = \frac{Q(N_{to} - N_{te})}{1\,000 X_a V_n} \quad (3.3.21-4)$$

式中：L_{STN}——总氮污泥负荷[kgTN/(kgMLSS·d)]；一般为≤0.05；

N_{to}——生物反应池的进水总氮浓度(mg/L)；

N_{te}——生物反应池的出水总氮浓度(mg/L)。

3.3.22 混合液回流比可按下列公式计算，并宜同时满足以下条件：

1 根据好氧池物料衡算

混合液回流量：

$$Q_R = \frac{1\,000 V_n K_{de} X}{N_{te} - N_{ke}} \quad (3.3.22-1)$$

式中：Q_R——混合液回流量（m³/d）。

混合液回流比：

$$R = \frac{Q_R}{Q} \times 100\% \qquad (3.3.22-2)$$

式中：R——混合液回流比（%）。

2 根据最大脱氮率

混合液回流比：

$$\frac{R}{R+1} = \frac{N_{to} - N_{te}}{N_{to}} \qquad (3.3.22-3)$$

Ⅲ 生物脱氮、除磷

3.3.23 当以去除有机污染物和脱氮除磷为主要目标时，好氧区（池）的容积可按本标准第 3.3.17 条所列要求计算。缺氧区（池）的容积可按本标准第 3.3.20 条所列要求计算。

3.3.24 厌氧区（池）的容积可按下式计算：

$$V_p = \frac{t_p Q}{24} \qquad (3.3.24)$$

式中：V_p——厌氧区（池）容积（m³）；

t_p——厌氧区（池）水力停留时间（h），宜为 1～2；

Q——生物反应池的设计进水量（m³/d）。

3.3.25 MBR 工艺的出水总磷（TP）达不到出水要求时，可通过在 MBR 中直接投加混凝剂或其他强化除磷的方法辅助去除。

3.3.26 采用化学除磷时，可按下列要求选择：

1 可不设厌氧区（池）。

2 投药点可选择在 MBR 中投加。投加量可按本标准第 3.3.27 条中所列公式计算。

3 除磷药剂种类宜选择铁盐类混凝剂。

3.3.27 除磷药剂投加量可根据除磷药剂种类及进、出水水质要求计算：

1 需去除的溶解性总磷浓度

$$C_p = TP_0 - TP_e - \frac{i_p \Delta X_v}{Q} \times 1\,000 \quad (3.3.27\text{-}1)$$

式中：C_p——需去除的溶解性总磷浓度（mg/L）；

TP_0——进水总磷浓度（mg/L）；

TP_e——反应池出水总磷浓度（mg/L）；

i_p——活性污泥混合液中磷的质量分数（mgTP/gMLVSS），一般取 0.03；

ΔX_v——排出生物反应池系统的微生物量（kgMLVSS/d），可根据本标准所列公式(3.3.20-3)计算。

2 金属盐类投加浓度

$$C_M = \frac{\beta M C_p}{P} \quad (3.3.27\text{-}2)$$

式中：C_M——混凝剂的投加量（以金属计）（mg/L）；

β——混凝剂的投加摩尔比，一般取 1.5～3.0；

M——混凝剂中金属的原子量；

P——磷的原子量，$P=31$。

3.3.28 化学污泥量可按下式计算：

$$\Delta X_{化} = \frac{Q[f_{cp}C_p + f_{ch}(C_M - f_{mc}C_p)]}{1\,000} \quad (3.3.28)$$

式中：$\Delta X_{化}$——化学污泥量（kgMLSS/d）。

f_{ch}, f_{cp}, f_{mc}——化学加药除磷的转化系数，分别为金属氢氧化物和金属的分子量之比（M(OH)$_3$/M）、金属磷酸盐沉淀物和磷的分子量之比（MPO$_4$/P）以及金属和磷的分子量之比（M/P），应按表 3.3.28 取值。

表 3.3.28 化学除磷过程转化系数

参数	f_{ch}	f_{cp}	f_{mc}
铝盐	2.89	3.94	0.87
铁盐	1.91	4.87	1.81

3.3.29 当采用化学除磷时,生化污泥总量可按下式计算:

$$\Delta X + \Delta X_{化} = \frac{Q}{1\ 000}\Big[f_{NVSS}(SS_o - SS_e) + \frac{Y_{COD}(COD_o - COD_e)}{1 + K_{dT}\theta_C} + f_{cp}C_p + f_{ch}(C_M - f_{mc}C_p)\Big] \quad (3.3.29)$$

式中:ΔX——剩余污泥量(kgMLSS/d);

$\Delta X_{化}$——化学污泥量(kgMLSS/d)。

Ⅳ 供气量

3.3.30 生化反应池中好氧池的供气量,应同时满足污水处理的生化需氧量以及膜污染控制的需气量。曝气形式宜采用鼓风曝气的方式,膜组件的曝气设备宜采用穿孔曝气的方式。

3.3.31 膜污染控制需气量可按本标准第 3.4.6 条计算。生化需氧量的设计应符合现行国家标准《室外排水设计标准》GB 50014 的有关规定,生化需氧量计算应扣除膜污染控制需气量所提供的氧量。

3.4 平板膜分离系统

Ⅰ 平板膜组件

3.4.1 用于污水处理的膜宜采用微滤膜(孔径为 0.1 μm~0.4 μm)或超滤膜(孔径为 0.02 μm~0.1 μm)。

3.4.2 膜的高分子材料宜为聚偏氟乙烯(PVDF)、聚丙烯腈(PAN)、聚醚砜(PES)、聚四氟乙烯(PTFE)、聚乙烯(PE)、聚氯乙烯(PVC)等。

3.4.3 膜设计使用寿命应大于6年。

3.4.4 膜临界通量值不应小于800 L/(m²·d)，设计运行平均膜通量取值不宜大于临界通量的50%。无资料时，可取300 L/(m²·d)～500 L/(m²·d)。高峰时段或清洗时段的膜通量取值不宜大于临界通量的75%。无资料时，可取500 L/(m²·d)～600 L/(m²·d)。

3.4.5 膜元件的数量可按下式计算：

$$n = \frac{k \times Q}{S \times F} \quad (3.4.5)$$

式中：n——膜元件数量（片）；

k——膜组件变化系数，宜根据实际进水量波动情况确定，无资料时，一般取1.0～1.5；

Q——生物反应池的设计进水量（m³/d）；

S——每片膜元件的有效面积（m²/片）；

F——膜通量[m³/(m²·d)]。

3.4.6 膜污染控制需气量可按下列公式计算：

1 按膜区曝气强度计算

$$G_{sc} = g_{sc} \times s \times n_1 \times 24 \times 60 \quad (3.4.6-1)$$

式中：G_{sc}——膜污染控制需气量（m³/d）；

g_{sc}——膜区曝气强度[m³/(m²·min)]，一般取0.7～1.2；

n_1——单层膜组件数量（套）；

s——单个膜组件投影面积（m²）。

2 按单片膜需气量计算

$$G_{sc} = \frac{g \times n}{1\,000} \times 24 \times 60 \quad (3.4.6-2)$$

式中：g——单片膜需气量[L/(min·片)]，宜根据产品说明文件确定。无资料时,一般单层膜组件取 6 L/(min·片)～11 L/(min·片),双层膜组件取 3 L/(min·片)～6 L/(min·片),三层膜组件取 1.5 L/(min·片)～3 L/(min·片)。

n——膜元件数量(片)。

3.4.7 膜组件的规格及数量宜根据产品说明文件及池型确定。

3.4.8 膜组件的布置应充分考虑升、降流区及安装空间。膜组件间距及距墙距离不宜小于 0.3 m。膜组件顶部淹没水深不应小于 0.2 m。

3.4.9 同一曝气主管下的膜组件的数量不宜大于 10 组。当数量大于 10 组时,应核算膜组件出水管道及曝气管道的均匀性。

3.4.10 单组膜池沿水流方向的设计长度不宜大于 10 m,当长度大于 10 m 时,宜采用多点进水方式或设置布水设施。

3.4.11 膜组件出水可采用水泵抽吸或自流出水的方式。水泵抽吸应采用适当的抽停时间,宜根据产品说明文件提供的数据确定。

3.4.12 膜组件的曝气管应位于膜组件底部,距膜底距离宜为 500 mm～600 mm,不应小于 300 mm。

Ⅱ 配套设备

3.4.13 配套设备应由出水管道、出水泵、鼓风机、化学清洗设备等组成。

3.4.14 出水泵宜选择自吸泵或离心泵配套真空系统,应符合以下要求:

　　1 出水泵的流量应按膜组件的设计流量及变化系数设计,宜设置变频控制。

　　2 出水泵宜按单组膜池单独设置。当膜池数量超过 3 组时,宜采用冷备方式。

3.4.15 出水管道流速宜采用 0.8 m/s～1.5 m/s。同时,可在便

于观察处安装一段带有遮光保护的透明管。

3.4.16 鼓风机的选型应考虑膜池液位波动时风压对风量的影响，可设置变频控制。

3.4.17 化学清洗设备中的配药罐容积应根据产品说明文件设计，单池清洗配药次数不宜大于 2 次。

3.4.18 每个膜组件的膜片冲刷曝气管宜单独设置阀门。

Ⅲ 配套仪器仪表

3.4.19 膜组件出水管道应安装压力测试仪表。当采用水泵抽吸的出水方式时，安装位置应位于出水泵前。

3.4.20 膜池应安装液位控制仪表。

3.4.21 MBR 系统应安装流量计。

3.4.22 MBR 系统宜安装浊度仪、污泥浓度计、溶解氧仪等在线水质监测仪器仪表。

3.5 后处理工艺及其他

Ⅰ 消 毒

3.5.1 MBR 工艺应设置消毒设施。消毒设施和有关构筑物的设计及安全措施，应符合现行国家标准《室外给水设计标准》GB 50013 和《室外排水设计标准》GB 50014 的有关规定。

3.5.2 MBR 出水的消毒方式宜采用紫外消毒、臭氧消毒及氯消毒。分散式处理设备宜选用氯消毒，集中式处理设备宜选用紫外消毒，辅助氯消毒。

3.5.3 紫外消毒剂量应根据试验资料或相关运行经验确定。当无相关资料时，可按下列标准确定：

    1 一级标准为 9 mJ/cm^2～13 mJ/cm^2。

    2 再生水标准为 14 mJ/cm^2～18 mJ/cm^2。

3.5.4 臭氧消毒的有效接触时间不宜少于 5 min。臭氧消毒剂量应根据试验资料或相关运行经验确定。当无相关资料时,可采用臭氧剂量 3 mg/L～5 mg/L。

3.5.5 氯消毒的有效氯加氯量应根据试验资料或相关运行经验确定。当无相关资料时,可按下列标准确定:

    1 一级标准为 4 mg/L～9 mg/L。
    2 再生水标准的加氯量可按卫生学指标和余氯量确定。

Ⅱ 污泥处理

3.5.6 MBR 剩余污泥的处理方法应符合现行国家及地方相关标准要求。

3.5.7 集中式 MBR 的剩余污泥宜根据后续处理要求确定污泥脱水方式,分散式 MBR 的剩余污泥宜采用滤袋浓缩脱水装置处理。

3.6 自动控制及数据监控

3.6.1 MBR 系统应设置自动控制系统,在分散式处理装置中可采用由时间控制器、继电器、液位控制等组成的自动控制系统;在集中式处理装置中宜采用可编程逻辑控制器(PLC)自动控制系统,并将自控相关信号接入中控上位机系统。

3.6.2 自动控制系统应确保膜组件曝气鼓风机和膜出水泵联动,并确保膜出水泵或重力流出水模式为抽停模式,且抽停时间可调。

3.6.3 自动控制系统应能确保液位波动时,膜出水泵产水量在膜组件正常出水范围内。

3.6.4 分散式 MBR 系统宜采用物联网监控系统,监控参数宜包括膜抽吸压力、膜产水量、机械设备运行情况等;如有在线监测仪表,则宜包括在线监测仪表数据。

4 安装、调试与验收

4.1 一般规定

4.1.1 平板膜生物反应器法污水处理工程施工及验收应符合下列规定：

　　1 污水处理设备中鼓风机、水泵等设备安装、调试及验收应符合现行国家标准《压缩机、风机、泵安装工程施工及验收规范》GB 50275 的有关规定。

　　2 吊装设备安装、调试及验收应符合现行国家标准《起重设备安装工程施工及验收规范》GB 50278 的有关规定。

　　3 管道安装、调试及验收应符合现行国家标准《给水排水管道工程施工及验收规范》GB 50268 的有关规定。

　　4 电气安装、调试及验收应符合现行国家标准《建筑电气工程施工质量验收规范》GB 50210 的有关规定。

4.1.2 污水处理厂施工验收应符合现行国家标准《城镇污水处理厂工程质量验收规范》GB 50334 的有关规定。

4.2 安　装

4.2.1 膜组件安装前，膜池应符合下列要求：

　　1 膜组件安装的接触面水平偏差应小于 1/1 000。

　　2 对于共用一根出水干管的膜组件，其单个组件的出水管接口高度允许偏差为±5 mm。

　　3 膜池内不宜有大于 1 mm 的表面尖锐、硬质的杂质。

　　4 预埋件（若有）应安装到位，位置及尺寸应与设计相符。

5 当膜组件安装完毕,长期无法通水时,应采取有效措施避免膜组件被阳光直射,可在膜组件顶部加设遮挡,并定期喷水雾等措施,确保平板膜表面保持一定湿度。

　　6 其他配套应符合工程设计的相关要求。

4.2.2 对于整体膜组件,安装前应检查,并符合下列要求:

　　1 应按设备清单清点膜组件及其零、配件数量,并应与设计相符。

　　2 应核对膜组件主要安装尺寸,并应与设计相符。

　　3 膜组件及其他零、部件应无损伤、变形等缺陷,表面应无锈蚀。

4.2.3 对于膜元件,安装前应检查,并符合下列要求:

　　1 膜表面应无剥落及破损,且应有甘油保护,无干裂痕迹。

　　2 膜元件应完整,不应出现局部断裂现象。

4.2.4 膜组件未及时安装时,存放应符合下列要求:

　　1 应按外包装上的堆叠高度堆放,严禁超高堆放。

　　2 应放置在阴凉、干燥、无腐蚀性气体处,应远离明火或可能产生明火的地方,严禁阳光直射、雨淋。

4.2.5 膜组件搬运及吊装应符合下列要求:

　　1 搬运设备不应直接接触膜元件,严禁损伤膜表面。

　　2 固定的吊装设备应根据膜污染情况下的膜组件湿重进行选择,并应采用膜组件专用的吊环及吊钩。

4.2.6 膜组件安装应符合下列要求:

　　1 以膜组件中心为基准,其标高和位置应符合设计要求,标高的允许偏差为±2 mm,位置的允许偏差为±3 mm。

　　2 膜组件的底座安装纵向水平偏差不应大于1/1 000,横向水平偏差不应大于2/1 000。

　　3 曝气管安装纵向水平偏差不应大于1/1 000,横向水平偏差不应大于2/1 000。

4.2.7 膜池所有电焊作业、吊装作业等,必须有能避免已安装平板膜膜面受损的保护措施。

4.3 调 试

4.3.1 膜池进水前,应符合下列要求:
    1 膜组件管道应连接完整,并应与设计相符。
    2 膜池内不宜有大于1 mm的杂质。
    3 膜组件出水管道放气阀门打开。

4.3.2 MBR污泥接种时,宜采用MBR工艺的污泥进行污泥接种。当采用其他工艺活性污泥接种时,则应将接种污泥经过1 mm及以下孔径规格筛网过筛后接种。

4.3.3 膜组件调试前,应符合下列要求:
    1 膜组件应打开出水阀门,应关闭放气阀门。
    2 膜组件曝气系统应打开,并应与设计参数相符。
    3 膜池应已完成污泥接种。
    4 膜组件的淹没水深不应小于0.2 m。
    5 配套系统应运转正常;管道连接应牢固无渗漏。

4.3.4 调试时,起始运行通量应根据污泥性质、水温及进水水质确定,宜低于设计通量的1/3。然后根据跨膜压差上升情况并结合膜出水水质,应逐步增加运行通量至设计通量。

4.3.5 当膜池内出现泡沫时,宜先采用喷水的方式消泡。当效果不佳时,可投加醇类消泡剂,不应采用硅类消泡剂。

4.4 验 收

4.4.1 MBR系统工艺验收,应有不少于1个月的试运行,且符合本标准第4.4.2条的规定。

4.4.2 MBR系统工艺验收应符合下列要求:
    1 单套膜系统的日均产水量可达到设计值的110%以上。

2 当平均水温不小于15℃时,日平均跨膜压差增长应小于0.5 kPa;当平均水温小于15℃时,日平均跨膜压差增长应小于1.0 kPa。

3 出水水质应达到设计出水水质。

5 运行与维护

5.1 日常操作管理

5.1.1 采用MBR工艺的集中式污水处理设施的运行管理应符合现行行业标准《城镇污水处理厂运行监督管理技术规范》HJ 2038以及《城镇污水处理厂运行、维护及安全技术规程》CJJ 60的有关规定。分散式污水处理设施可参照产品说明文件提供的自动化运行方案运行。

5.1.2 在集中式污水处理设施运行中,管理人员应监测MBR池水温、pH值、膜产水量、跨膜压差、出水浊度(或主要出水水质指标),监测周期宜为1 d。在分散式污水处理装置运行中,应监测膜产水量、跨膜压差,监测周期宜为1周。

5.1.3 在集中式污水处理设施运行中,运行管理人员应定期监测MBR池污泥浓度及溶解氧值,监测周期宜为1 d。当污泥浓度低于8 gMLSS/L时,宜停止排泥,恢复膜池污泥浓度。当污泥浓度高于18 gMLSS/L时,宜增加排泥量。在分散式污水处理装置运行中,当跨膜压差出现异常时,宜检测污泥浓度是否过高,当现场测试条件受限时,可检测污泥沉降体积比,超过50%时,宜适当排泥。

5.1.4 在集中式污水处理设施运行中,膜组件曝气管应定期进行反冲洗,清洗周期宜为1 d。在分散式污水处理装置运行中,日常维护中如果观察到曝气不均匀,应对曝气管进行反冲洗。

5.2 膜清洗

5.2.1 膜清洗方法包括在线化学清洗、离线物理清洗和离线化学清洗,离线化学清洗则可分为离线原位化学清洗以及离线异位化学清洗。

5.2.2 当跨膜压差达到设计值时,应进行在线化学清洗。跨膜压差宜按产品说明文件提供的数据设计;无相关资料时,一般为-30 kPa。

5.2.3 膜在线化学清洗时,清洗药剂应根据产品说明文件提供的资料选择;无资料时,可按照下列数据:

1 采用次氯酸钠0.1%(有效氯,以Cl计)溶液浸泡12 h。

2 当在线化学清洗后,膜压差下降明显低于常规时,先确认是否有泥饼污染,若有明显的泥饼污染,则宜采用离线清洗方式进行清洗。

5.2.4 清洗加药可采用自流或泵送的方式。应控制药液加入膜腔的压力。当采用自流方式时,加药口距液面高度不应大于1.0 m。当采用泵送方式时,应在距液面1.0 m处设置溢流口。

5.2.5 清洗加药管应设置放气阀,在清洗时应打开该阀门。

5.2.6 离线原位化学清洗药剂浸泡时间宜按产品说明文件提供的资料设计,无资料时,可采用次氯酸钠0.05%(有效氯,以Cl计)溶液浸泡12 h。

5.2.7 膜在线化学清洗后运行方式宜按本标准第4.3.4条关规定执行。

5.2.8 离线异位化学清洗时,膜清洗药剂应根据产品说明文件提供的数据;无资料时,可参照下列数据:

1 当用于清除膜中有机污染物时,可采用次氯酸钠0.1%(有效氯,以Cl计),浸泡时间12 h。

2 当用于清除膜中无机污染物时,可采用0.8%(质量浓度)的草酸,浸泡时间12 h。

3 清洗后运行方式宜按本标准第4.3.4条规定执行。

5.2.9 膜组件应优先采用在线清洗方式恢复膜通量。当膜系统出现故障致使膜表面出现泥饼层时,宜先采用4 h~24 h只曝气不出水的方式进行泥饼吹脱；当无效果时，可采用离线物理清洗。
5.2.10 当采用次氯酸钠溶液进行在线清洗时，投加的有效氯不大于 1 mg/gMLSS。
5.2.11 膜清洗方式选择时，宜首先判断是否存在泥饼层污染，当无泥饼层污染时，宜采用在线化学清洗方式；当有少量泥饼层污染时，可采用先空曝，再化学清洗的清洗方式；当出现严重泥饼层污染时，宜先采用离线物理清洗方式，再采用离线化学清洗方式。

5.3 MBR 设备停运后恢复

5.3.1 当 MBR 设备停运满足下列条件时可直接按设计通量恢复运行：
 1 停止时间小于 7 d。
 2 未外排污泥。
 3 停运时期曝气停止，恢复运行前 1 d 开启曝气。
5.3.2 当 MBR 设备需长期停止运行时，膜组件应浸泡在水中保存。需重新启动时，宜按本标准第 4.3.4 条规定执行。

5.4 膜组件更换

5.4.1 当膜组件达到设计使用寿命时，宜进行膜组件更换。
5.4.2 当膜元件出现破损时，应停止破损膜元件运行；若破损数量大于 5%时，宜进行更换。
5.4.3 膜组件更换后，宜按本标准第 5.3 节中的有关规定恢复运行。

本标准用词说明

1 为便于在执行本标准条文时区别对待,对要求严格程度不同的用词说明如下:

1) 表示很严格,非这样做不可的用词:
   正面词采用"必须";
   反面词采用"严禁"。
2) 表示严格,在正常情况下均应这样做的用词:
   正面词采用"应";
   反面词采用"不应"或"不得"。
3) 表示允许稍有选择,在条件许可时首先应这样做的用词:
   正面词采用"宜";
   反面词采用"不宜"。
4) 表示有选择,在一定条件下可以这样做的用词,采用"可"。

2 本标准中指明应按其他有关标准、规范执行的写法为"应符合……的规定"或"应按……执行"。

引用标准名录

1 《城镇污水处理厂污染物排放标准》GB 18918
2 《膜分离技术　术语》GB/T 20103
3 《室外给水设计标准》GB 50013
4 《室外排水设计标准》GB 50014
5 《建筑给水排水设计规范》GB 50015
6 《给水排水工程基本术语标准》GB/T 50125
7 《给水排水构筑物工程施工及验收规范》GB 50141
8 《建筑电气工程施工质量验收规范》GB 50210
9 《给水排水管道工程施工及验收规范》GB 50268
10 《压缩机、风机、泵安装工程施工及验收规范》GB 50275
11 《起重设备安装工程施工及验收规范》GB 50278
12 《城镇污水处理厂工程质量验收规范》GB 50334
13 《城镇污水处理厂运行、维护及安全技术规程》CJJ 60
14 《膜生物法污水处理工程技术规范》HJ 2010
15 《城镇污水处理厂运行监督管理技术规范》HJ 2038

标准上一版编制单位及人员信息

DG/TJ 08—2190—2015

主 编 单 位：上海城投污水处理有限公司
参 编 单 位：同济大学
　　　　　　上海市政工程设计研究总院(集团)有限公司
主要起草人员：麦穗海　藏莉莉　王荣生　王志伟　裘　湛
　　　　　　吴志超　王美玲　韩小蒙　林冰洁　于鸿光
　　　　　　王　盼　谭学军
主要审查人员：俞亮鑫　唐建国　王国华　周新宇　张　欣
　　　　　　俞士静　黄　瑾　熊建英　邹伟国

上海市工程建设规范

平板膜生物反应器法污水处理工程技术标准

DG/TJ 08—2190—2023
J 13317—2023

条 文 说 明

2023　上海

目　次

1 总　则 ……………………………………………… 37
3 工艺设计 …………………………………………… 38
　3.1 一般规定 ……………………………………… 38
　3.2 预处理工艺 …………………………………… 40
　3.3 生化处理工艺 ………………………………… 42
　3.4 平板膜分离系统 ……………………………… 52
　3.5 后处理工艺及其他 …………………………… 58
　3.6 自动控制及数据监控 ………………………… 62
4 安装、调试与验收 ………………………………… 63
　4.1 一般规定 ……………………………………… 63
　4.2 安　装 ………………………………………… 63
　4.3 调　试 ………………………………………… 65
　4.4 验　收 ………………………………………… 66
5 运行与维护 ………………………………………… 67
　5.1 日常操作管理 ………………………………… 67
　5.2 膜清洗 ………………………………………… 67
　5.3 MBR 设备停运及恢复 ……………………… 68
　5.4 膜组件更换 …………………………………… 68

Contents

1 General provisions ·· 37
3 Process design ·· 38
   3.1 General requirements ································ 38
   3.2 Pre-treatment processes ····························· 40
   3.3 Biochemical treatment processes ···················· 42
   3.4 Flat-sheet membrane separation system ············ 52
   3.5 Post treatment process and others ·················· 58
   3.6 Automatic control and data monitoring ············· 62
4 Installation, debugging, check and accept ················ 63
   4.1 General requirements ································ 63
   4.2 Installation ·· 63
   4.3 Debugging ·· 65
   4.4 Check and accept ····································· 66
5 Operation and maintenance ································ 67
   5.1 Daily operation management ························ 67
   5.2 Membrane cleaning ·································· 67
   5.3 Restoration after MBR outage ······················· 68
   5.4 Membrane modules replacement ···················· 68

1 总　则

1.0.1 说明制定本标准的宗旨和目的。

1.0.2 规定本标准的适用范围。

本标准只适用于城镇污水处理的平板膜生物反应器法工程设计。

中空纤维膜生物反应器法的工程设计，由于其膜性能及使用方法与平板膜不完全相同，故不适用于本标准。

由于工业废水水质变化大，故本标准仅适用水质与生活污水接近且进水水质变化不大的废水，其他种类工业废水的工程设计不包含在内。

1.0.3 平板膜生物反应器法工程设计、主要工艺设备、施工与验收、运行与维护应符合国家、行业及上海市现行有关标准的规定。

3 工艺设计

3.1 一般规定

3.1.1 关于膜元件类型的规定。

以压力差为推动力的膜分离元件,根据孔径大小可分为微滤、超滤、纳滤、反渗透膜。根据组件形式可分为平板式、中空纤维式、卷式、管式。纳滤、反渗透膜在原理上无法应用于MBR污水处理,故本标准仅适用于微滤、超滤平板膜分离技术。

3.1.2 关于膜生物反应器法(MBR法)工艺适用范围的规定。

MBR工艺具有出水水质好、占地面积小、抗水质冲击负荷等优势。选择处理工艺时,应充分发挥所选工艺的效用,避免过度处理。

1 利用工艺出水水质好的特点。MBR的长泥龄使得硝化菌得到充分的生长,因此即使冬季低温时,出水氨氮也可保持较低值。同时,膜对于污泥及颗粒物的截留作用,确保了出水悬浮物(SS)浓度的稳定达标。

2,3 利用工艺占地面积小的特点。由于MBR可按较高的污泥浓度运行,使得其占地面积及水力停留时间较短,可比传统工艺减少1/3以上。

4 基于MBR的污泥浓度高、占地面积小、抗水质波动能力强、完全自动化运行,生产安装周期短,容易实现装备化、成套化。

3.1.3 关于MBR工艺前期调研的规定。

污水处理工艺效果与水质、水量、温度等因素相关。工艺设计时,必须对相关条件有充分的了解,从技术、经济、运行管理等多角度对各种工艺比较后,进行工艺设计及膜选择。

3.1.4 关于水量波动的规定。

设计应充分考虑处理对象的水量波动情况,包括水量的季节性变化、雨季水量波动、日平均处理流量、日高峰处理流量、小时高峰处理流量、膜清洗流量以及各高峰处理流量的持续时间。

3.1.5 关于其他预处理要求的规定。

关于油脂含量的规定。根据现行行业标准《膜生物法污水处理工程技术标准》HJ 2010 的相关规定,进水动植物油宜小于 30 mg/L,且矿物油宜小于 3 mg/L;根据现行中国工程建设标准化协会标准《膜生物反应器城镇污水处理工艺设计规程》T/CECS 152 的相关规定,进水动植物油浓度应不超过 50 mg/L。后一个标准的颁布日期更近,反映的情况更加全面,故本标准采用进水动植物油浓度宜小于 50 mg/L。

当实际进水动植物油浓度超过 50 mg/L 时,宜设置强化预处理除油措施。

关于 pH 值的规定。根据现行国家标准《室外排水设计标准》GB 50014 的相关规定,当 pH 值低于 6 或者高于 9 时,微生物的活动能力下降,因此选择 pH 值范围为 6~9。

3.1.6 关于进水温度的规定。

根据现行国家标准《室外排水设计标准》GB 50014 的相关规定,污水处理厂内生物处理构筑物进水的水温宜为 10℃~37℃。

针对低温情况,应采取保温措施或按照低温条件下设计膜运行通量。

针对高温情况,应考虑采取降温措施。

3.1.7 关于改造工程的规定。

MBR 工艺适合对已建工程进行处理能力提升、处理标准的提高等改造,但膜组件对于池型和布置有一定的设计要求,因此,需仔细核算设计参数。

3.2 预处理工艺

3.2.1 关于预处理目的的说明。

预处理的目的在于避免污水中的硬质、尖锐物质损伤膜元件,并且避免毛发、纤维类等杂质缠绕膜元件以及毛发、纤维类物质与污泥颗粒的缠绕形成更难去除的污染物,尤其对于多层膜组件而言更易造成膜元件有效间距的堵塞,同时可确保曝气池中的活性污泥性质处于合适的运行环境。

3.2.2 关于预处理工艺一般流程的说明。

3.2.3 关于预处理设施设计流量的规定。

3.2.4 规定处理构筑物个(格)数和布置的原则。

根据国内污水厂的设计和运行经验,处理构筑物的个(格)数,不宜少于2个(格),利于检修维护。

Ⅰ 沉砂池

3.2.5 根据现有污水处理厂的运行经验,曝气沉砂池的处理效果相对较好且去除的砂砾较为干净,附带的有机物较少。同时,根据MBR工艺的特点及对于预处理的要求,采用分离效果好的沉砂池类型更为适合。

3.2.6 关于沉砂池设计的规定。

Ⅱ 超细格栅

3.2.7 关于超细格栅设置的规定。

3.2.8 关于分离精度的规定。

毛发、纤维等物质的积聚对于膜在运行过程中的污染极其严重,易堵塞膜元件之间的升流区,造成曝气不均匀,影响膜组件稳定运行。因此,此类物质是预处理的主要去除对象。根据现行国家标准《室外排水设计标准》GB 50014 的相关规定,超细格栅栅条间隙宽度不宜大于1 mm。因此,推荐采用0.2 mm～1 mm。在分散式污水处理设施中,其水量过小,格栅栅条间隙可以酌情放大。

3.2.9 关于设备型式及清洗方式的规定。

内进流式、转鼓式或阶梯式格栅属于较常见的超细格栅。

摆动式格栅是一种通过往复摆动以筛分杂质的超细格栅设备,经过长时间运行验证,维护简单、经济。

物理清洗包括刷洗、水洗等。刷洗是指采用毛刷等方式对过滤介质进行物理清洗。水洗是指采用再生水或清水对过滤介质进行冲洗。

化学清洗是指化学药剂浸泡等方法。

3.2.10 关于过滤网的规定。

传统格栅过水断面多采用条形,当过滤精度提高后,则宜采用二维结构,避免大于分离精度的杂质通过超细格栅。

Ⅲ 初沉池

3.2.11 通常情况下,由于以下几个原因可不设初沉池:

1 MBR工艺设计污泥龄较长,悬浮状的有机物可以在MBR池内得到较好的稳定。悬浮状有机物降解率随泥龄延长而增加,尤其当经过超细格栅后,悬浮状有机物的粒径较小,降解速率更快。

2 预处理时,已经经过超细格栅。

3 进水中有机物不足,避免碳源流失。

当进水中悬浮物浓度大于500 mg/L时,可设置初沉池,防止MBR膜池污泥浓度超过上限值,影响膜分离性能。当悬浮物浓度降低后,宜超越初沉池。

3.2.12 关于初沉池设计的规定。

3.3 生化处理工艺

3.3.1 关于工艺选择的规定。

平板膜生物反应器法是生物处理方法与平板膜分离方法相结合的工艺。生物处理主要去除进水中的有机污染物、氮污染物等溶解性污染物。膜处理主要去除大于膜孔径的颗粒态污染物、胶体物质以及大分子溶解性有机物，包括无机颗粒、难降解有机颗粒等，同时将污泥截留在反应器内，维持较高的污泥浓度，无需二沉池及污泥回流。因此，与传统活性污泥法一样，平板膜生物反应器法也可根据不同的处理要求选择不同的工艺或各种工艺的组合。几种典型的处理工艺流程如图1～图4所示，其中好氧MBR池可采用一体式或分体式MBR。

1 好氧膜生物反应器(O-MBR)工艺

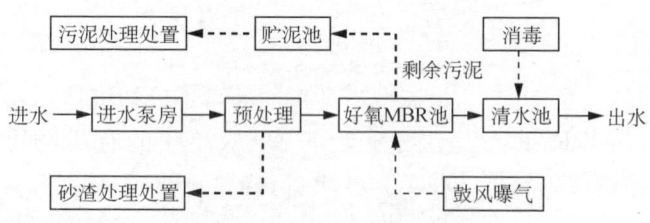

图 1 典型 O-MBR 工艺流程

2 缺氧/好氧膜生物反应器(A/O-MBR)组合工艺

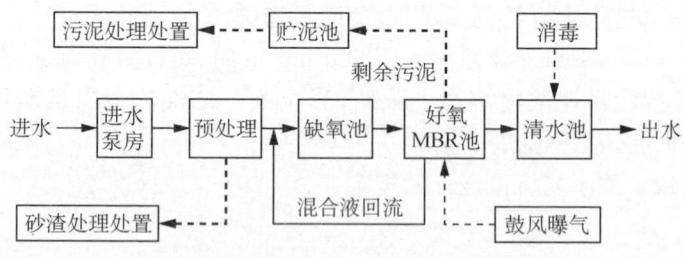

图 2 典型 A/O-MBR 工艺流程

3 配有化学除磷的厌氧/缺氧/好氧膜生物反应器(A/A/O-MBR)及配有化学除磷的缺氧/好氧膜生物反应器(A/O-MBR)组合工艺

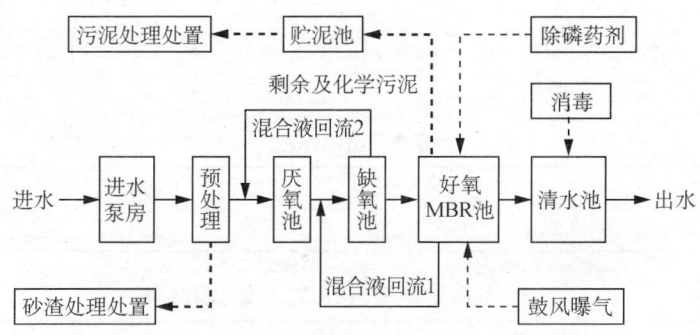

图 3 典型 A/A/O-MBR＋化学除磷工艺流程

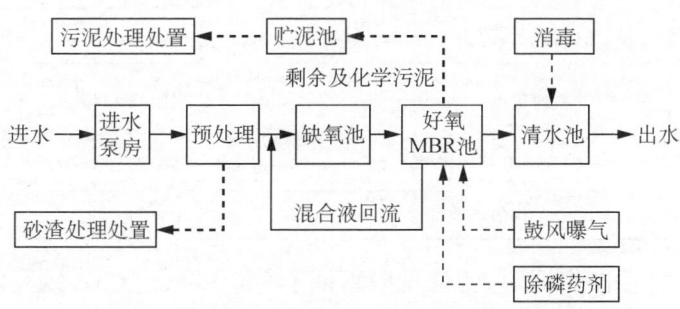

图 4 典型 A/O-MBR＋化学除磷工艺流程

3.3.2 当需要脱氮且为分散式污水处理时,搅拌机、回流泵选型困难,易造成设备投资、运维费用过大,可以采用间歇式曝气MBR 模式,回避搅拌机、回流泵选型问题。

当分散式污水处理设备处理规模小且专业维护要求高时,推荐采用间歇式曝气 MBR 工艺。该工艺出水水质满足北京市《农村生活污水处理设施水污染物排放标准》DB11/1612—2019、天津市《农村生活污水处理设施水污染物排放标准》DB12/889—2019、上海市《农村生活污水处理设施水污染物排放标准》DB31/T 1163—2019、浙江省《农村生活污水集中处理设施水污染物排放要求》DB33/973—2021等多地的分散式污水处理的最严要求(表1),工艺设计参数可按照表2进行取值,该表推荐的工艺参数可抵抗2倍进水水质波动的冲击负荷,在按设计参数运行的条件下,膜清洗周期可超过半年。

表1 出水水质

水质	COD	SS	氨氮	总氮	总磷
数值(mg/L)	≤60～120	≤30	≤8～25	≤20～30	≤2～4

表2 间歇式曝气MBR工艺推荐参数表

编号	参数名称	单位	推荐数值	备注
1	COD容积负荷	$kgCOD/(m^3 \cdot d)$	0.5	
2	氨氮容积负荷	$kgNH_4\text{-}N/(m^3 \cdot d)$	0.14	
3	膜通量	$L/(m^2 \cdot h)$	12～15	运行时间内的膜通量
4	曝气强度	$m^3/(m^2 \cdot min)$	0.75	
5	缺氧时间段:好氧段时间	—	1:1	

采用的平板膜临界通量应不低于900 $L/(m^2 \cdot d)$,缺氧段可采用间歇曝气的方式代替搅拌机的功能,防止污泥全部下沉,并提高反硝化传质效率。间歇曝气的时间宜根据实验数据确定,若无实验数据时,可采用每运行15 min～30 min,曝气10 s～20 s的运行模式。

3.3.3 关于膜生物反应器法主要参数取值的规定。

各容积负荷及污泥负荷均是在MBR池污泥浓度为8 gMLSS/L～18 gMLSS/L情况下的取值范围。当进水浓度高于一般城镇污水水质时,可适当提高负荷。当温度低于12℃时或出水水质要求较高时,可适当降低负荷。

MBR池的污泥浓度在进水浓度偏低时,可采用8 gMLSS/L～12 gMLSS/L。

MBR应在产品说明文件提供的污泥浓度范围内运行。当污泥浓度大于18 gMLSS/L时,易产生如下问题:

1 出水水质易色度较高,如无脱色设备,则应考虑出水色度问题。

2 传氧效率降低,导致系统溶解氧偏低。

3 污泥黏度增大,降低错流速率,影响曝气冲刷效果。

当污泥浓度远低于8 gMLSS/L时,由于微生物性质等因素影响,反而可能会造成较为严重的膜污染。

3.3.4 关于缺氧池搅拌的规定。

根据现行国家标准《室外排水设计标准》GB 50014的相关规定,并结合MBR污泥浓度是常规活性污泥法的3倍～5倍,污泥颗粒粒径较小,下限功率根据工程实践可适当降低。

3.3.5 关于膜分离单元布置形式的规定。

平板膜生物反应器工艺中膜分离单元可采用一体浸没式布置,也可以采用分体浸没式布置。一体浸没式布置是指好氧区与膜区合并设置,如图5(a)所示。分体式布置是指好氧区与膜区单独设置,如图5(b)所示。

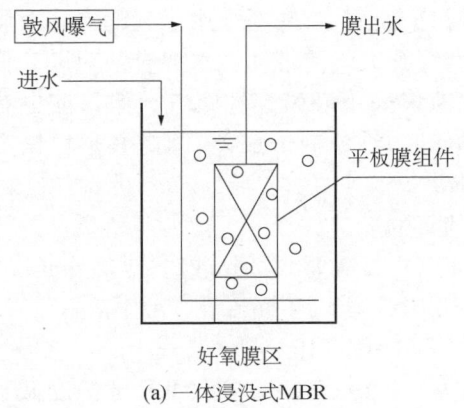

(a) 一体浸没式MBR

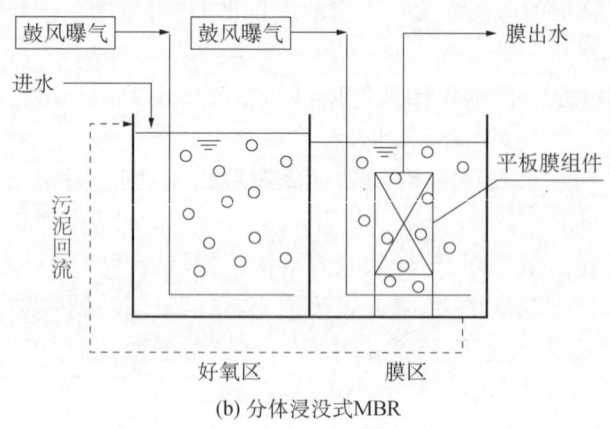

(b) 分体浸没式MBR

图 5　MBR 构型示意图

当计算得到的好氧区容积远大于膜区所需容积时,为了保证污泥浓度的均匀性及适宜的升、降流区,可采用分体浸没式,但必须设置污泥回流,以维持好氧区污泥浓度。

3.3.6 关于曝气方式的规定。

当采用分体浸没式 MBR 时,从投资及运行管理角度考虑,好氧区可采用穿孔曝气;从运行能耗角度考虑,可采用微孔曝气。

为控制膜污染速率,膜底部采用曝气的方式对膜表面进行冲刷。一般认为,穿孔大气泡带动气水混合液对膜表面的冲刷效果更好,因此,膜池多采用鼓风穿孔曝气。但目前也有对微孔曝气冲刷膜表面的研究,结论尚未成熟,因此必须根据产品说明文件建议,谨慎选择。

3.3.7 关于消氧的规定。

去除 1 $mgBOD_5$,需要 0.7 mgO_2~1.2 mgO_2;MBR 混合液回流比一般为 100%~300%;回流混合液中溶解氧≤6 mg/L;去除 1 mg BOD_5 的停留时间(HRT)为 0.016 h~0.032 h。通过计算增加的停留时间为 0.1 h~0.8 h。当 MBR 池浓度低于 8 gMLSS/L

时,可适当增加缺氧区停留时间 0.5 h～1.0 h;当为分散式污水处理时,可延长至 1.0 h～1.5 h。

3.3.8 关于膜池分组的规定。

考虑到膜定期清洗及日常检修的问题,一般应设置 2 组及以上膜池。当膜清洗或检修且无其他水量调节措施时,应在允许范围内提高其余组的膜通量以达到设计水量。

为避免多组反应池污泥浓度不均对系统稳定运行造成影响,并减少回流泵数量,一般设置公共回流渠道进行混合液回流。

3.3.9 关于有效水深的规定。

膜池的有效水深设计应综合考虑多方面因素,包括:

1 综合考虑工程现场土地条件,包括地质、地基承载力、地下水位条件、用地规划面积等因素,合理设计有效高度。

2 供氧设施的压力。MBR 工艺与传统工艺不同,水深的大小不但涉及占地、氧传质等方面,还在很大程度上涉及运行能耗的问题。

3 膜组件的设计层数与水深密切相关。当水深小于 2.0 m 时,需详细咨询制造商膜产品的参数;当水深大于 6.0 m 时,需仔细核算初期投资的经济性。膜组件层数的增加可大大降低曝气的运行能耗,但需与生化需氧量、初期投资等因素平衡。

3.3.10 关于超高的规定。

当污水中含有大量产生泡沫的表面活性剂或好氧区(池)内发生丝状菌膨胀时,必须有足够的超高防止泡沫外溢,并及时采取消泡措施。

当进水水量易发生波动或波动量较大且无法设置其他流量调节措施抵御进水水量波动时,可适当增加超高以抵御水量波动,但必须充分考虑曝气设备运行压力及运行风量,避免曝气量过大或过小。

MBR 池污泥浓度较高,容易出现底部污泥淤积,尤其是膜池,设置集泥坑便于清淤,方便运维。

I 去除有机污染物

3.3.11 关于 O-MBR 生物反应池容积计算公式及参数选择的规定。

1 由于目前 COD 指标是一个较 BOD_5 而言更为普遍的测试指标,因此,在设计的过程中,采用以 COD 为依据的计算体系。此外,污泥负荷在计算的过程中,需假设污泥浓度,在 MBR 中污泥浓度与多个参数相关,难以控制,因此采用容积负荷作为计算参数。

但与此同时,BOD_5 污泥负荷是直观反映微生物作用的性能指标,因此,将其作为一个校核参数列入本标准第 3.3.16 条及第 3.3.21 条。

2 一体浸没式 MBR 中好氧区(池)不仅用于生化作用,同时也用于放置膜组件,因此好氧区(池)也需核算膜组件布置尺寸。此处尺寸为最小的通用膜组件放置尺寸,可能因所选膜组件不同而有所不同。根据实际应用情况,进行了微调。

3.3.12 关于剩余污泥量的设计公式及参数选择。

污泥产量分为两个部分:一部分是由进水 SS 中不可降解及难降解物质引起的污泥量的增长,即 NVSS 增量;另一部分是由降解 COD 引起的污泥量的增长(扣除由污泥内源呼吸引起的微生物自身的分解),即 VSS 增量。此处未包含当有化学加药时而引起的化学污泥量。

3.3.13 关于污泥衰减系数的规定。

参照现行国家标准《室外排水设计标准》GB 50014 的相关规定所列公式,污泥衰减系数与温度有关。

MBR 工艺污泥浓度高于常规活性污泥法,而污泥负荷则低于常规活性污泥法。因此,衰减系数较高。

3.3.14 关于剩余污泥浓度的规定。

根据污泥产量、污泥龄及计算所得的池容计算剩余污泥浓度,并校核是否符合 MBR 工艺适宜的污泥浓度范围,若不符合则需调整。对于 MBR 工艺而言,污泥浓度过高或过低都会影响其稳定运行。

3.3.15 关于分体浸没式 O-MBR 的污泥回流量的规定。

3.3.16 对于一体浸没式 MBR 而言,由于好氧池的容积需考虑膜组件布置所需要的容积,因此,计算所得的好氧池容积可能大于按负荷计算所得容积。COD 容积负荷及 BOD_5 污泥负荷对于 O-MBR 工艺需进行校核。

Ⅱ 生物脱氮

3.3.17 关于 A/O-MBR 中好氧池的规定。

对于需满足脱氮要求的工艺,好氧需满足去除有机污染物的要求、膜组件布置的要求以及硝化功能的要求。

1 一般来说,COD 的去除包括氧化和细胞合成两个部分。在反硝化过程中,可生物降解的溶解性 COD 可为硝酸盐的去除提供电子供体,因此,通过氧化过程实现了去除 COD 的功能。虽然反硝化过程只与氧化过程有关,而不参与细胞合成,但对于折算去除的 COD 总量,也会涉及污泥产率问题。

对于公式(3.3.17-2),其中:

2.86 为 NO_3-N 的氧当量,还原 4 个 NO_3^-,可使 5 个有机碳氧化,相当于耗去 5 个 O_2,即 $160/56=2.86(kgO_2/kgNO_3\text{-}N)$。

1.42 为细菌细胞的氧当量,若用 $C_5H_7NO_2$ 表示细菌细胞,即 $160/113=1.42(kgO_2/kgVSS)$。$Y_{COD}/(1+K_{dT}\theta_C)$ 为污泥总产率系数(kgVSS/kgCOD)。以此来计算在细胞合成过程中,去除 COD 的氧当量。去除的总 COD 的氧当量扣除这部分值,即为通过氧化过程而去除 COD 的氧当量,从而计算得到在反硝化过程中去除的总 COD 的量。

2 计算硝化采用凯氏氮容积负荷确定。

3 好氧池容积计算还需满足膜组件的布置要求。

3.3.18 关于分体浸没式 A/O-MBR 回流量的规定。

3.3.19 针对 A/O-MBR 工艺而言,在选择污泥龄时,需考虑硝化功能。一般情况下,MBR 工艺的污泥龄较长,可满足硝化要求,当不满足时,需根据硝化所需的污泥龄进行污泥量的计算。

式(3.3.19-2)是计算硝化细菌比生长速率的公式,0.5~1.0 是硝化菌比增长速率的取值范围,推荐值为 0.8。当污水中存在对硝化菌抑制作用的物质时取低值。

3.3.20 关于缺氧区(池)容积计算的规定。

根据现行国家标准《室外排水设计标准》GB 50014 的相关规定。

3.3.21 COD 及 BOD_5 的负荷值通过总生物反应区(池)校核。缺氧区(池)的主要功能为总氮的去除,因此,需校核总氮的污泥负荷。当各参数无法同时满足取值推荐范围时,可根据需达到的出水水质进行考虑。

3.3.22 关于回流比计算的规定。

如果好氧池硝化作用完全,回流污泥中硝态氮浓度和好氧池相同,回流污泥中硝态氮进缺氧区(池)后全部被反硝化,缺氧池有足够碳源,则系统最大脱氮率是回流比(混合液回流量与进水流量之比)R 的函数,最大脱氮率 $= R/(1+R)$。

由于 MBR 工艺硝化作用比较完全,因此将最大脱氮率也作为公式计算。根据现行国家标准《室外排水设计标准》GB 50014 的相关规定,一般情况下,回流比不宜大于 4。

Ⅲ 生物脱氮、除磷

3.3.23 关于 A/A/O-MBR 中好氧区(池)及缺氧区(池)的容积计算的规定。

3.3.24 关于 A/A/O-MBR 中厌氧池的规定。

根据现行国家标准《室外排水设计标准》GB 50014 的相关规定。

3.3.25 关于除磷的规定。

由于膜的截留作用,采用化学除磷方法可使出水总磷达到 0.3 mg/L 以下。

3.3.26 关于化学除磷的规定。

铁盐类混凝剂对于生物性能影响较小,且一定情况下有助于减轻膜污染,因此一般推荐采用铁盐类混凝剂。

3.3.27 关于化学除磷药剂投加量的规定。

微生物生长需要磷,因此剩余污泥排放会去除部分磷,实际需要去除的 TP 小于进、出水的 TP 差值。

化学加药除磷一般采用铝盐(聚合氯化铝、聚合硫酸铝、硫酸铝等)或者铁盐(聚合氯化铁、聚合硫酸铁、三氯化铁等)等发生化学反应:

$$M^{3+} + PO_4^{3-} \rightarrow MPO_4(s)$$
$$M^{3+} + 3H_2O \rightarrow M(OH)_3(s)\downarrow + 3H^+$$

但由于污水成分复杂,大量阴离子或者颗粒物会与铁盐或者铝盐反应,根据现行国家标准《室外排水设计标准》GB 50014 的相关规定,投加时金属盐类和磷的摩尔比为 1.5~3.0。混凝时间及投药摩尔比参数如表 3 所示。

表3 金属盐投加量及混凝时间

药剂种类	投加量 (mol P/mol 金属盐)	混凝时间 (min)
氯化铝	1.5	10
氯化铁	1.5	10
硫酸铝	1.5	10
硫酸铁	3.0	10
聚合硫酸铝	3.0	10

3.3.28 关于化学污泥量的规定。

化学污泥由两部分组成：一部分为过量的金属离子形成的氢氧化物沉淀，另一部分为金属离子与磷形成的磷酸盐沉淀。在理想状态下，金属盐类和磷酸根会形成磷酸铝或磷酸铁沉淀物；过量投加的金属沉淀物会发生水解或者通过混凝沉淀吸附于大分子颗粒物表面，为便于计算，将其形态假定为氢氧化铝或者氢氧化铁，假定进水和出水中的铝盐或者铁盐浓度为零且不考虑微生物合成去除磷的量。

3.3.29 关于污泥总量的规定。

污泥总量包括剩余污泥量及化学污泥量。

Ⅳ 供气量

3.3.30 关于MBR工艺供气量的规定。

计算生化需氧量时，需考虑MBR工艺的实际出水水质情况。例如：由于MBR工艺的污泥浓度较高，相比常规工艺而言，更有利于硝化菌的生长，因此，一般情况下出水氨氮可能比设计要求的出水水质更好。在计算生化需氧量时，需充分考虑。

3.3.31 关于生化需氧量计算的规定。

3.4 平板膜分离系统

Ⅰ 平板膜组件

3.4.1 关于膜孔径的规定。

根据国际理论和应用化学协会膜术语工作小组（Terminology for Membranes and Membrane Processes）的定义，微滤膜的膜孔径在 $0.1~\mu m \sim 1~\mu m$ 之间，超滤膜截留分子量在 $10^3 \sim 10^6$ 之间，对应的膜孔径为 $2~nm \sim 0.1~\mu m$。实际微滤膜孔径受制于活性污泥絮体最小粒径大小，本标准微滤膜孔径 $0.1~\mu m \sim 0.4~\mu m$ 覆盖了现有市场平板膜产品孔径范围。超滤膜的孔径下限则根据实际情况进行了提升。

3.4.2 关于膜材质的规定。

3.4.3 关于膜设计使用寿命的规定。

膜组件的实际使用寿命与膜自身性能、预处理状况、工艺运行情况等有关。在实际分散式污水处理工程中,膜使用寿命已达到 10 年;在污水厂应用中,膜使用寿命超过 6.5 年,预计可达到 8 年。考虑到设计使用的保守系数,及其他同行产品性能的差异,在此选用了 6 年。

3.4.4 关于膜通量选择的规定。

膜的设计通量值一般由膜制造商提供,但设计时需充分考虑进水水量波动、冬季低温条件运行以及膜组件清洗时的通量变化情况。而膜的运行通量则与膜生物反应器的设计控制、运行条件、膜元件自身性能等有关。

关于临界通量的说明如下:

1) 测试方法

临界通量的具体测试方法是在一定的操作条件下,控制 MBR 在一个恒定的低通量下连续运行,观测操作压力(TMP)在一定时间段内的变化,若 TMP 保持稳定,可认为此时的通量低于临界通量,再使膜通量增加一个阶量,重复上述试验。通过逐步提高膜通量,当刚好高于某个通量运行时,TMP 开始变化,MBR 不能稳定运行,可认为此时的通量已高于临界通量。需要说明一点,所谓在临界通量下压力保持稳定,是指在测定时间段内保持相对的稳定,基本不变化。临界通量测定示意图如图 6 所示,对于此图临界通量 J_c 为 $J_1 \leqslant J_c \leqslant J_2$。

2) 测定参数选择

一般情况下,初始通量可选择 5 L/(m²·h),间隔时间可选择 15 min,通量阶梯递增量可选择 3 L/(m²·h),以水银压力计记录压差。若在测定时间段内压力变化小于 3 mmhg,则认为不变化;超过 3 mmhg,则认为不稳定,达到临界通量。

经过长期的工程应用,MBR 中临界通量概念的重要性在专

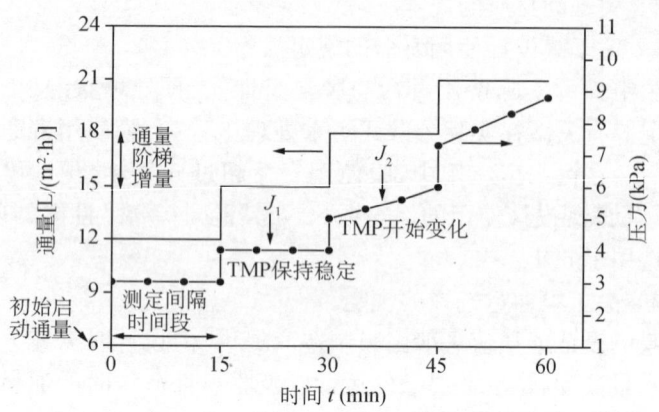

图6 临界通量测定示意图

业领域获得高度认可,实际运行通量则受制于临界通量,在工程应用中,设计人员普遍接受的运行通量为 12 L/(m²·h)～20 L/(m²·h),为了确保实际工程应用效果,增加了最低临界通量推荐值。

3.4.5 关于膜元件数量计算的规定。

MBR工艺通过膜过滤出水,故膜产水能力成为整个工艺处理量的限制因素之一。因此,膜组件在选择时,可根据处理规模、前端工艺调节能力选择一定的设计余量。

3.4.6 关于膜污染控制所需曝气量的规定。

膜污染控制曝气量有两个参数,一是膜区曝气强度,二是单片膜所需曝气量。按照 MBR 仅设置单层膜组件考虑,两个参数的换算下式进行计算:

$$g_{sc} = \frac{g}{1\,000 b_e l_e}$$

式中:g_{sc}——膜区曝气强度[m³/(m²·min)];
  g——单片膜需气量[L/(min·片)];

b_e——单个膜元件宽度(m/片);

l_e——膜元件中心间距(m)。

3.4.7 关于膜组件规格选择及数量的规定。

3.4.8 关于膜组件布置的规定。

由于膜污染控制主要依靠曝气带动的气水混合液对膜面的冲刷,混合液需在膜池内形成循环流,因此,膜运行对升、降流区面积之比有一定要求,一般为1∶1~1∶3。如图7所示,当MBR池仅有一个膜组件时,升流区面积为$(a \times b)$,降流区面积为$[(L \times B)-(a \times b)]$,升流区∶降流区=$(a \times b)$∶$[(L \times B)-(a \times b)]$=1∶1~1∶3。考虑膜组件安装,$d$ 一般不小于0.3 m。为防止膜组件暴露至空气中,一般设置0.2 m保护液位。

尤其对已建池体,需根据产品说明文件提供的数据仔细核算膜组件的平面布置方法。

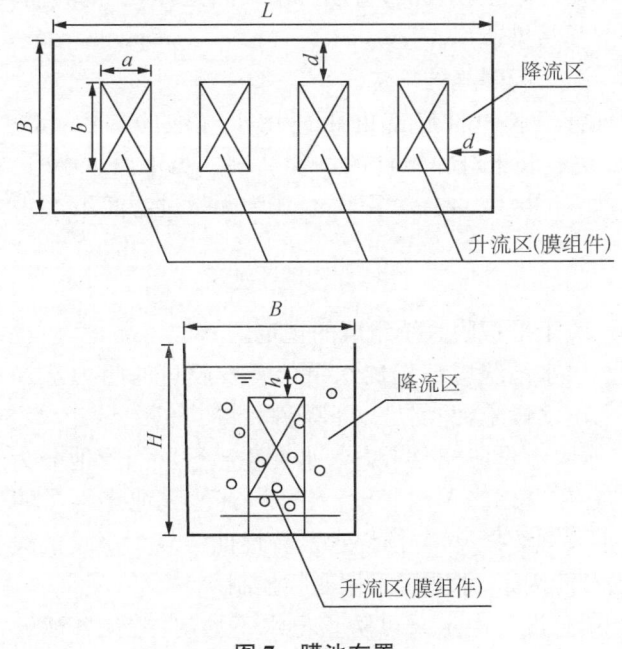

图7 膜池布置

3.4.9 关于膜组件在污水厂膜池中布置的规定。

为了确保膜清洗时污水厂产水能力不受影响,膜组件应均布在不同膜池,并设置备用膜池。同时,要避免不同膜池膜污染程度不同,导致膜池液位有明显不同,影响膜区曝气强度,加剧膜污染,要有控制膜池液位稳定均一的措施。

3.4.10 关于膜池长度的规定。

单组膜池长度过长时,易造成池体内污泥浓度不均匀,而过高或过低的污泥浓度都易造成膜污染。单组膜池内,膜组件可以采用并联的方式布置,但当膜组件并联布置后长度超过 10 m 时,会造成单个组件产水量及曝气量不均匀,需采取改善均匀性的措施。

3.4.11 关于膜组件出水方式的规定。

膜组件在出水过程中,一直处于负压状态,容易将污泥或其他污染物质吸附至膜表面,造成污染。因此,间歇性的抽吸,可以有效缓解膜污染速率。

3.4.12 关于膜曝气的规定。

曝气管至膜组件底部的距离用于气泡的扩散,500 mm～600 mm 更有利于对膜组件的均匀冲刷。当距离过小时,容易造成膜元件下部区域冲刷效果较差,成为无效过滤面积。

Ⅱ 配套设备

3.4.13 关于平板膜系统组成的规定。

3.4.14 出水系统应根据出水泵位置及膜过滤阻力选择具有一定吸程的出水设施,并满足以下条件:

1 水泵流量应充分考虑进水变化系数。当膜池分为 2 组及以上时,还应考虑当单组膜池清洗时,其他膜池产水量的变化情况。出水泵宜选择流量-扬程水泵特性曲线较为平稳的设备。同时,考虑节能因素,水泵可采用变频控制。

2 单独设置出水泵可防止出水不均匀,避免各池的污泥浓度不均,膜污染速率增加。

3.4.15 关于出水管的规定。

膜出水管可采用浊度仪监测出水浊度,当设备规模较小时,也可采用在出水管道上安装透明管的方法观察出水澄清度。若发现出水浑浊时,则可能发生膜元件渗漏或连接管道脱落等现象。安装透明观察管时,应注意遮光保护,防止藻类生长。

3.4.16 关于鼓风机的规定。

当好氧池液位发生波动时,需核算鼓风机曝气量,防止膜组件冲刷气量过大或过小。当有不同液位膜池同时运行时,需要分别设计不同的鼓风机对应不同液位膜池。

3.4.17 关于化学清洗设备的规定。

膜清洗药剂加入膜腔后,会随着清洗过程的进行而逐步渗透到膜腔外。配药次数多易造成清洗时间过长,从而导致加药过量。

3.4.18 关于每个膜组件配置曝气控制装置

在同一膜池的不同膜组件之间,曝气管仍然会存在曝气不均、持续变化等情况,通过为每个膜组件下的曝气管单独设置阀门,可以确保每个膜组件的最小曝气量,实现膜组件长期稳定运行。

Ⅲ 配套仪器仪表

3.4.19 关于压力测试仪表的规定。

每台水泵应配置一套压力测试仪表,用于监测该组膜池的运行情况,并根据仪表读数计算跨膜压差,进行膜清洗。

3.4.20 液位控制仪表用于控制膜池液位。当设备运行时,膜组件顶部不应高于液面。

3.4.21 流量计用于控制膜产水量。

3.4.22 浊度仪、污泥浓度计、溶氧仪等仪表可在线监测,也可采用便携式仪表监测。水质监测也可根据实际情况,采用在线监测或采样分析的方式。

3.5 后处理工艺及其他

Ⅰ 消毒

3.5.1 关于设置消毒设施的规定。

未经消毒处理的污水中含有大量的病原微生物,直接排入受纳水体,不仅污染水环境,而且还会对下游的饮用水源产生威胁,因而需要消毒处理。若对出水质量有更严格的要求,则处理出水更需要消毒处理以保障公众健康。部分国家或地区的污水消毒指标见表4。

表4 部分国家或地区的污水消毒指标

国家或地区	微生物指标	指标值	备注
美国	粪大肠菌群	200个/100 mL	二级生化处理出水
欧盟	粪大肠菌群	2 000个/100 mL	浴场水指导准则
日本	总大肠菌群	1 000个/mL	水污染环境质量标准(二级);渔业标准(一级)
中国(GB 18918—2002)	粪大肠菌群	1 000个/L	一级A标准
中国(GB 18918—2002)	粪大肠菌群	10 000个/L	一级B标准、二级标准
中国(GB/T 18920—2002)	总大肠菌群	3个/L	城市杂用水
中国(GB/T 18921—2002)	粪大肠菌群	10 000个/L	观赏性景观用水:河道、湖泊
中国(GB/T 18921—2002)	粪大肠菌群	2 000个/L	观赏性景观用水:水景
中国(GB/T 18921—2002)	粪大肠菌群	500个/L	娱乐性景观用水:河道、湖泊
中国(GB/T 18921—2002)	粪大肠菌群	不得检出	娱乐性景观用水:水景

在膜生物反应器工艺中,膜材质多为微滤或超滤膜。其中,微滤膜的孔径一般为 $0.1\ \mu m \sim 0.4\ \mu m$,超滤膜孔径则更小。而

绝大多数的细菌的直径为 0.5 μm～5 μm,因而膜生物反应器对微生物有不同程度的截留作用,从而在一定程度上降低了膜出水中的致病微生物数量。膜生物反应器出水的微生物去除率为99.9%以上。在工程应用中,MBR 工艺出水总大肠菌群为1 500 个/L～2 400 个/L,粪大肠菌群为 10 个/L～40 个/L。鉴于各类标准的要求,膜生物反应器处理应设置消毒设施。

3.5.2 关于膜生物反应器工艺出水消毒方法和消毒程度的规定。

为避免或减少消毒时产生的二次污染物,目前主要采用的消毒方式为紫外消毒、臭氧消毒和氯消毒。常见消毒方法的优缺点见表 5。

表 5 常见消毒方法优缺点

消毒方法	优点	缺点
紫外消毒	杀菌效率高、光谱性高、无二次污染、运行安全可靠、易实现自动化运行	对处理水的水质要求高,消毒效果易受紫外灯管表面结垢影响,持续杀菌效果差
臭氧消毒	杀菌无残留、光谱性高、无二次污染、可去除色度、与氯消毒联用效果好	臭氧不稳定,消毒效果受水质影响大,基建投资大,需现场制备,持续杀菌效果差
氯消毒	成本低、应用方便、操作简单、投加量准确、具有持续杀菌效果、技术方法成熟	对某些病毒、芽孢无效,残留产生臭味,有强烈刺激性,有消毒副产物产生

由于出水水质、环境条件和水质标准各异,因而需要根据膜生物反应器出水性质、排放标准或再生水要求确定消毒设施相关参数。例如,若排放水体中含有大量水生动植物,则可使用无持续消毒能力的紫外和臭氧消毒;膜生物反应器出水具有一定色度(可达 10～35),若考虑感官效果,可使用臭氧消毒;若考虑再生水回用,为达到余氯要求可采用氯消毒。

3.5.3 关于膜生物反应器工艺出水的紫外线剂量的规定。

关于紫外线剂量参照现行国家标准《室外排水设计标准》

GB 50014 的相关规定。由于膜生物反应器具有良好的固液分离效果,出水水质好,无悬浮物检出,与传统二级生物处理出水相比,可减小对消毒效果的不利影响并延长紫外消毒系统的使用寿命。此外,由于膜生物反应器对于微生物有一定程度的拦截作用,因而其出水中微生物数量亦低于传统二级生物处理出水(前者对数去除率可达 6 以上,后者的对数去除率为 1.5～4.2)。因此,可选取上述剂量的较低值。此外,再生水的剂量已达到或超过部分欧洲国家的饮用水消毒剂量(表 6),因而使用此剂量较为安全。

表 6　部分国家饮用水消毒最低紫外线剂量

国家	最低紫外线剂量 (mJ/cm^2)	备注
德国	40	灭活细菌、病毒、隐孢子虫和贾第虫
美国	40	小型给水系统
澳大利亚	45	公共给水
法国	25	—
荷兰	25	—
挪威	16	—

根据现行中国工程建设标准化协会标准《膜生物反应器城镇污水处理工艺设计规程》T/CECS 152 的规定:对 MBR 处理出水的紫外线剂量为 9 mJ/cm^2～13 mJ/cm^2;对用作再生水时,紫外线剂量为 14 mJ/cm^2～18 mJ/cm^2。

在投加铁盐除磷的平板膜生物反应器出水中,铁盐浓度一般低于 0.3 mg/L,紫外消毒效果受铁盐影响低于 5%,仍然可以采用上述紫外线剂量。

3.5.4 关于膜生物反应器出水的臭氧剂量的规定。

对总大肠菌群进行不同程度灭活时所需要的臭氧剂量及时间资料见表 7。

表7 灭活总大肠菌群需要的臭氧剂量及时间

出水类型	臭氧投加量 (mg/L)	接触时间 (min)	微生物类型	初始浓度 (CFU/100 mL)	最终浓度 (CFU/100 mL)
二级出水	7~14	5	粪大肠菌群	$5.2 \times 10^3 \sim 8.5 \times 10^5$	$0.32 \times 10^2 \sim 8.0 \times 10^2$
二级出水	8~14	21	总大肠菌群	$2.4 \times 10^5 \sim 9.3 \times 10^5$	$9.3 \times 10^5 \sim 1.5 \times 10^4$
二级出水	15	10	总大肠菌群	1.4×10^5	1.1×10^3
二级出水	4~6	1~10	总大肠菌群	$3.0 \times 10^4 \sim 2.5 \times 10^5$	$8.0 \sim 1.5 \times 10^3$

研究表明，污水回用的臭氧投加剂量一般为 5 mg/L~20 mg/L，接触时间在 5 min 以上可达到有效消毒的目的。由于膜生物反应器对于微生物具有一定程度的拦截作用，因而臭氧剂量可选取上述范围的较低值。

同时，根据现行中国工程建设标准化协会标准《膜生物反应器城镇污水处理工艺设计规程》T/CECS 152 的规定，臭氧剂量为 3 mg/L~5 mg/L。

3.5.5 关于膜生物反应器出水加氯的规定。

关于本部分参见现行国家标准《室外排水设计标准》GB 50014 的相关规定。

同时，根据现行中国工程建设标准化协会标准《膜生物反应器城镇污水处理工艺设计规程》T/CECS 152 的规定，加氯剂量为 4 mg/L~9 mg/L。

Ⅱ 污泥处理

3.5.6 关于剩余污泥处理的规定。

3.5.7 关于膜生物反应器工艺剩余污泥处理方法的规定。

本部分参见现行国家标准《室外排水设计标准》GB 50014 中第 7 章的相关标准及说明。对于污泥脱水部分，一般认为比阻大于 1.0×10^{13} m/kg 为难过滤污泥；比阻在 $(0.4 \sim 1.0) \times 10^{13}$ m/kg 为中等难过滤污泥；比阻小于 $0.4×10^{13}$ m/kg 为易过滤污泥。通常而言，膜生物反应器的剩余污泥比阻为 10^{14} m/kg～10^{16} m/kg，高于传统活性污泥法，造成脱水难度增加。此外，MBR 污泥的压缩系数一般大于 0.75，说明 MBR 污泥均具有难过滤且易于压缩的性质，因此宜优先采用板框压滤机脱水。

对于分散式 MBR 工艺，无法使用机械脱水的场合，首先尽可能延长 MBR 的污泥龄，实现污泥的内源消化；其次，可以采用滤袋定期对超过浓度限值的剩余污泥进行浓缩脱水。

3.6 自动控制及数据监控

3.6.1 分散式污水处理的规模较小，自动控制系统技术服务支持的吨水费用高，此时，自动化控制建议避免使用 PLC，以便普通电工就能应对自动控制的故障。

3.6.2 膜污染控制是 MBR 稳定运行的关键点，鼓风机故障时，如果膜出水泵依然运行，膜污染速率会急剧增加，很快导致系统崩溃。将鼓风机和膜出水泵联动，可以确保鼓风机故障时，膜出水泵也停止运行，避免膜污染速率出现异常。

3.6.3 MBR 的膜产水量受制于临界通量，膜通量必须低于临界通量，否则膜污染速率会过快。

3.6.4 分散式 MBR 系统，人工费用、交通费用要远超电费。为了降低运维管理费用，宜采用物联网，通过跨膜压差、膜产水量、鼓风机故障、出水泵故障检测实现远程管理，避免不必要的线下管理。

4 安装、调试与验收

4.1 一般规定

4.1.1 有关平板膜生物反应器法污水处理工程施工及验收的规定。

4.1.2 有关污水处理厂施工及验收的规定。

4.2 安 装

4.2.1 关于膜组件安装前的要求。

1 膜组件因需曝气冲刷膜表面,要求曝气管必须水平。因此,膜组件在安装时,底座的安装接触面要求有一定的水平度。膜组件可直接固定在池底,也可固定在支墩上。前者施工时,池底水平度应满足要求,后者支墩上平面应满足水平度要求,且各支墩之间的高度也应满足要求。

2 出水干管与支管(单个膜组件出水管)连接口高度(H_1与H_2高度)的差值将引起膜清洗配药的不均匀,故差值应控制在允许范围内。

3 清理池体中的小颗粒垃圾,防止在运行过程中损坏膜表面。

4 当膜组件安装有预埋件时,应满足设计要求。

5 膜元件应避免暴晒、雨淋、与硬质物体碰擦等。若长时间无法运行,应增设保护措施。

6 当污水处理设施有其他设施,例如除臭、防冻等配套时,其选用的设备器材除了考虑其自身工程设计要求外,还必须充分考虑膜组件的安装需求。

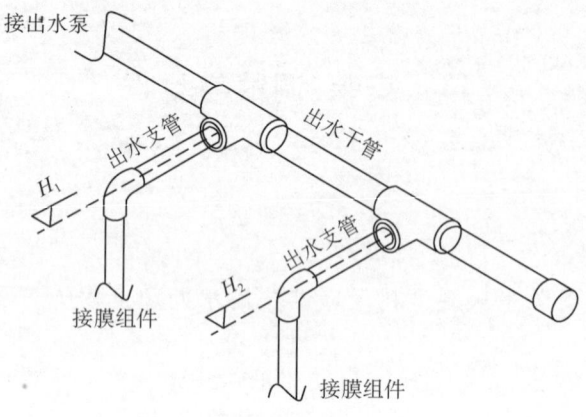

图 8 膜出水管道示意图

4.2.2 对于采购膜组件时,安装前的检查要求。

4.2.3 对于采购膜元件时,安装前的检查要求。

1 常规平板膜元件通常属于湿保存类型,脱水干燥后会影响膜元件再次使用的性能,因此使用后,宜经过化学清洗后用甘油保存。当条件受限时,可直接湿保存,再次使用前应进行化学清洗。对于干保存类型的平板膜,必须与膜制造厂家仔细确认保存方法。同时,膜表面应避免与硬质物体碰擦,以免发生破损及膜表面剥落。

2 平板膜元件出水口等处易在运输过程中发生断裂,应仔细检查其完整性。

4.2.4 关于膜组件存放的规定。

1 防止膜组件因重压而变形或破损。

2 膜表面为有机高分子材料,易在特殊环境下性能发生改变,故应符合其保存要求。

4.2.5 关于膜组件搬运及吊装的规定。

1 膜表面避免硬物损伤。

2 由于膜孔较小,尤其当膜表面出现泥饼层污染时,在停止运行后,膜腔内易存液体,因此吊装重量必须考虑膜腔内液体及泥饼层重量。

4.2.6 关于膜组件安装的规定。

膜组件的安装偏差易导致曝气管安装的偏差,从而产生曝气不均匀的现象。

4.2.7 确保平板膜不受施工安装工作的影响而导致破损。

4.3 调 试

4.3.1 关于膜池进水前的要求。

  1 膜组件管道包括出水管、曝气管、曝气反冲洗管及清洗加药管等,应按图纸仔细核对。

  2 膜池内杂质应清理干净。

  3 膜池在进水时,膜腔内存有部分空气,若不将空气排出,膜组件会上浮。

4.3.2 关于污泥接种的规定。

采用 MBR 污泥可减少污泥驯化时间,但也可采用其他工艺的活性污泥进行接种。MBR 工艺由于出水采用膜过滤,池体内杂质很难排出,这就要求控制进入的杂质量。因此,接种的污泥应过筛后再接种。

4.3.3 关于膜池调试前的要求。

  1 膜出水管路应密闭。

  2 膜出水时,曝气应按设计参数开启,否则易出现泥饼层污染。

  3 当污泥未完成接种时,污水调试易造成膜污染。

  4 由于膜出水采用负压抽吸的方式,因此当膜组件未淹没时,易有空气进入管道内,影响出水。

  5 其他配套设备均应经过单机调试,正常运行后,才可进入膜组件的调试阶段。

4.3.4 调试起始阶段,污泥培养还未完成,需逐步进水,提高膜通量,可按下列操作步骤:

1 起始通量宜采用较低值,一般为设计通量的1/3。

2 按调试的通量运行1 d~2 d后,若跨膜压差未上升,则可再提高通量;若上升则维持上一阶段通量或适当降低通量值再运行1 d~2 d。

3 一般可分为3~4阶段逐步提升至设计通量,周期一般为3 d~14 d。当大于14 d还未达到设计通量时,宜联系膜制造厂家。

4.3.5 关于消泡的规定。

MBR工艺产生泡沫可能有下列原因:

1 池内发生丝状菌膨胀或者粘弹性膨胀现象。

2 污泥严重老化,表面出现泡沫。

3 进水含有表面活性剂。

4 膜清洗后,受化学清洗药剂的影响,活性污泥性质恶化,从而出现泡沫。

当需要采用消泡剂时,不应采用硅类消泡剂。因为硅类消泡剂易吸附在膜表面,造成膜面污染。

4.4 验 收

4.4.1 关于MBR系统验收对运行时间和具体监测数据变化进行规定。

4.4.2 关于MBR系统的验收规定。

1 膜系统产水量可能会随着跨膜压差的增长而发生衰减。因此,产水量是否达到设计值是膜系统的重要控制指标,并用具体数据进行了规范。

2 跨膜压差的增长与水温等有关,并用具体数据进行了规范。

3 出水水质应达到设计值。

5 运行与维护

5.1 日常操作管理

5.1.1 关于 MBR 运行的规定。

5.1.2 关于每天运行监测指标的规定。

日常运行应监测 MBR 池水温、溶解氧及 pH 值,以判断是否需要调整运行参数。监测膜产水量、跨膜压差,以判断是否需进行膜清洗。监测膜出水浊度或主要出水水质,以判断是否有膜破损现象,以便必要时进行膜更换。分散式 MBR 监测指标和频率可以减少。

5.1.3 关于每周运行监测指标的规定。

定期监测污泥浓度,当污泥浓度低于 8 gMLSS/L 时,会加快膜污染速率,缩短清洗周期。当无法恢复污泥浓度时,则宜适当降低膜通量,控制膜污染速率。

5.1.4 关于膜组件曝气清洗的规定。

MBR 污泥浓度较高,易发生穿孔曝气管堵塞的现象,因此需定期进行反冲洗。反冲洗时,打开反冲洗阀门,一次 1 min～2 min。反冲洗后,观察膜池曝气是否均匀,若不均匀可关闭其他组阀门,对该组进行重复操作。

5.2 膜清洗

5.2.1 关于膜组件清洗方式分类的规定。
5.2.2 关于膜组件在线化学清洗启动条件的规定。
5.2.3 关于清洗药剂种类和浓度的规定。
5.2.4 关于清洗加药的规定。

当清洗加药压力过大时,平板膜焊接线可能会出现破裂渗漏的情况。因此,应控制药液加入膜腔的压力。

5.2.5 关于清洗放气的规定。

膜清洗加药时,可能会带入大量气泡。另外,膜腔内部的气体也可能逐步释放出来造成膜集水管道堵塞。因此,在清洗加药管末端应设置放气阀,加药时打开,防止气体堵塞。

5.2.6 关于离线原位化学清洗的规定。

5.2.7 关于膜在线化学清洗后运行方式的规定。

5.2.8 关于离线异位化学清洗的规定。

5.2.9 关于物理清洗方式的规定。

物理清洗方式包括柔软物质擦洗、水枪冲洗等。清洗水源可采用中水或自来水。清洗时必须注意避免伤害膜表面,使得膜发生剥落现象。

5.2.10 有效氯对微生物活性有损害,一次性投加药剂总量要根据生物处理系统 VSS 总量限制。

5.2.11 关于膜清洗方式选择的规定。

膜表面凝胶层污染主要由混合液中的大分子有机物质由于吸附或截留沉积在膜表面所引起;泥饼层污染主要由颗粒物质在凝胶层上的沉积所引起。空曝指停止膜出水的同时依然对膜面进行曝气冲刷以清除少量松散泥饼,一般可持续曝气 6 h~12 h。

5.3 MBR 设备停运及恢复

5.3.1 关于 MBR 设备短期停运的规定。

5.3.2 关于 MBR 设备长期停运的规定。

5.4 膜组件更换

5.4.1 关于膜更换的规定。

膜组件的使用寿命与运行条件及维护管理程度有关。当膜达到设计使用寿命时,若膜组件仍可维持原设计通量及清洗周期时,可不进行更换。

5.4.2 关于膜破损的规定。

平板膜产水通量设计时已考虑了一定的安全系数,当膜元件破损数量较小时,可封堵其对应的出水口,膜组件可以继续运行。若不更换受损膜元件,为防止其两侧膜元件清洗时受到影响,不宜将受损的膜元件取出。

5.4.3 关于膜更换后恢复运行的规定。